给建筑师的思想家读本

建筑师解读 海德格尔

[英] 亚当·沙尔　著

类延辉　王　琦　译

中国建筑工业出版社

著作权合同登记图字：01-2011-5505号

图书在版编目（CIP）数据

建筑师解读海德格尔/（英）沙尔著；类延辉，王琦译．—北京：中国建筑工业出版社，2016.12
（给建筑师的思想家读本）
ISBN 978-7-112-19967-9

Ⅰ.①建…　Ⅱ.①沙…②类…③王…　Ⅲ.①海德格尔（Heidegger，Martin 1889-1976）—建筑哲学—思想评论　Ⅳ.①TU-021

中国版本图书馆CIP数据核字（2016）第239722号

Heidegger for Architects / Adam Sharr

责任编辑：戚琳琳　董苏华　李　婧
责任校对：王宇枢　李欣慰

给建筑师的思想家读本
建筑师解读 海德格尔
[英] 亚当·沙尔　著
类延辉　王　琦　译

＊

中国建筑工业出版社出版、发行（北京海淀三里河路9号）
各地新华书店、建筑书店经销
北京京点图文设计有限公司制版
北京云浩印刷有限责任公司印刷

＊

开本：880×1230毫米　1/32　印张：5⅛　字数：119千字
2017年1月第一版　2017年1月第一次印刷
定价：25.00元
ISBN 978-7-112-19967-9
（29405）

献给P.

目 录

丛书编者按

亚当·沙尔（Adam Sharr）

    建筑师通常会从哲学界和理论界的思想家那里寻找设计思想或作品批评机制。然而对于建筑师和建筑专业的学生而言，在这些思想家的著作中进行这样的寻找并非易事。对原典的语境不甚了了而贸然阅读，很可能会使人茫然不知所措，而已有的导读性著作又极少详细探讨这些原典中与建筑有关的内容。而这套新颖的丛书则以明晰、快速和准确地介绍那些曾讨论过建筑的重要思想家为目的，其中每本针对一位思想家在建筑方面的相关著述进行总结。丛书旨在阐明思想家的建筑观点在其全部研究成果中的位置、解释相关术语以及为延伸阅读提供快速可查的指引。如果你觉得关于建筑的哲学和理论著作很难读，或仅是不知从何处开始读，那么本丛书将是你的必备指南。

    "给建筑师的思想家读本"丛书的内容以建筑学为出发点，试图采用建筑学的解读方法，并以建筑专业读者为对象介绍各位思想家。每位思想家均有其与众不同的独特气质，于是丛书中每本的架构也相应地围绕着这种气质来进行组织。由于所探讨的均为杰出的思想家，因此所有此类简短的导读均只能涉及他们作品的一小部分，且丛书中每本的作者——均为建筑师和建筑批评家——各集中探讨一位在他们看来对于建筑设计与诠释意义最为重大的思想家，因此疏漏不可避免。关于每一位思想家，本丛书仅提供入门指引，并不盖棺论定，而我们希望这样能够鼓励进一步的阅读，也即激发读者的兴趣,去深入研究这些思想家的原典。

"给建筑师的思想家读本"丛书已被证明是极为成功的,目前已经出版七卷,探讨了多位人们耳熟能详,且对建筑设计、批评和评论产生了重要和独特影响的文化名人,他们分别是吉尔·德勒兹[①]、菲利克斯·迦塔利[②]、马丁·海德格尔[③]、露丝·伊里加雷[④]、霍米·巴巴[⑤]、莫里斯·梅洛庞蒂[⑥]、沃尔特·本雅明[⑦]和皮埃尔·布迪厄。目前本丛书仍在扩充之中,将会更广泛地涉及为建筑师所关注的众多当代思想家。

亚当·沙尔目前是英国卡迪夫大学威尔士建筑学院(Welsh School of Architecture, Cardiff University)的高级讲师、亚当·沙尔建筑事务所(Adam Sharr Architects)

[①] 吉尔·德勒兹(Gilles Deleuze,1925-1995),法国著名哲学家、形而上主义者,其研究在哲学、文学、电影及艺术领域均产生了深远影响。——译者注

[②] 菲利克斯·迦塔利(Félix Guattari,1930-1992),法国精神治疗师、哲学家、符号学家,是精神分裂分析(schizoanalysis)和生态智慧(Ecosophy)理论的开创人。——译者注

[③] 马丁·海德格尔(Martin Heidegger,1889-1976),德国著名哲学家,存在主义现象学(Existential Phenomenology)和解释哲学(Philosophical Hermeneutics)的代表人物,被广泛认为是欧洲最有影响力的哲学家之一。——译者注

[④] 露丝·伊里加雷(Luce Irigaray,1930-),比利时裔法国著名女权运动家、哲学家、语言学家、心理语言学家、精神分析学家、社会学家、文化理论家。——译者注

[⑤] 霍米·巴巴(Homi, K. Bhabha,1949-),美国著名文化理论家,现任哈佛大学英美语言文学教授及人文学科研究中心(Humanities Center)主任,其主要研究方向为后殖民主义。——译者注

[⑥] 毛里斯·梅洛庞蒂(Maurice Merleau-Ponty,1908-1961),法国著名现象学家,其著作涉及认知、艺术和政治等领域。——译者注

[⑦] 沃尔特·本雅明(Walter Benjamin,1892-1940),德国著名哲学家、文化批评家,属于法兰克福学派。——译者注

首席建筑师，并与理查德·维斯顿（Richard Weston）共同担任剑桥大学出版社出版发行的专业期刊《建筑研究季刊》（Architectural Research Quarterly）的总编。他的著作有《海德格尔的小屋》（Heidegger's Hut）（MIT Press，2006年）和《海德格尔：建筑读本》（Heidegger for Architectus）（Routledge，2007年）。此外，他还是《失控的质量：建筑测量标准》（Quality out of Control：Standards for Measuring Architecture）（Routledge，2010年）和《原始性：建筑原创性的问题》（Primitive：Original Matters in Architecture）（Routledge，2006年）二书的主编之一。

图表说明

彼得·布伦德尔·琼斯（Peter Blundell-Jones），第 119 页，第 121 页

戴维·德尔尼（David Dernie），第 102 页，第 104 页，第 112 页

迪涅·梅勒·马尔科维茨（Digne Meller-Marcovicz），页码 xii

亚当·沙尔（Adam Sharr），第 16 页，第 17 页，第 19 页，第 72 页。

致谢

感谢卡罗琳·阿尔蒙德（Caroline Almong），帕特里克·德夫林（Patrick Devlin），穆哈利·麦克维卡（Mhairi McVicar）和乔安妮·赛纳（Joanne Sayner）帮助本书修改并提出宝贵意见。彼得·布伦德尔·琼斯（Peter Blundell-Jones）和戴维·德尔尼（David Dernie）热心提供照片。Routledge 出版社的卡罗琳·梅林德和乔治娜·约翰逊为本书及"给建筑师的思想家读本"丛书提供了无私支持。在此，我非常感激我的朋友、学生、同事，是他们给了我信心，完成该书的编辑工作。

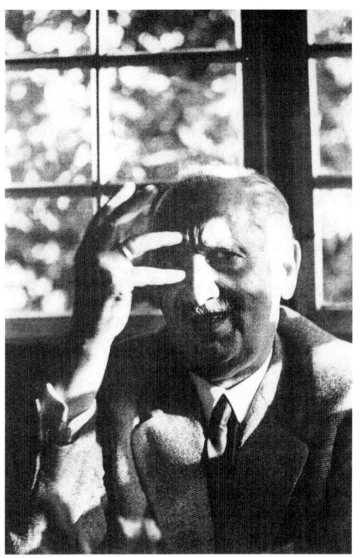

马丁·海德格尔

第 1 章

绪论

很少有著名哲学家创作针对建筑师读者的理论著作。马
丁·海德格尔（Martin Heidegger）是其中一个。1951 年的
达姆施塔特会议上，专业人士及学者云集，海德格尔作了专
门讲话。汉斯·夏隆（Hans Scharoun）——**柏林爱乐音乐
厅**及德国国家图书馆的后期设计师——对他的演讲作了重点
标记并给予热烈好评，而且将讲话内容强烈推荐给朋友与旧
识（Blundell-Jones 1995，136）。赋予夏隆灵感的会议讨
论内容稍后被整理打印成一篇题为《筑·居·思》（Building
Dwelling Thinking）的文章。时至今日再版多次并被译成多
种语言，其内容大大影响了 20 世纪后半叶的几代建筑师、理
论学家及历史学家。许多成熟的建筑理论一定程度上均受到
海德格尔及其栖居与场所理念的影响，比如：彼得·卒姆托
（Peter Zumthor）关于对空间感知和材料表现所赋予的热情
奔放的潜在渲染；克里斯蒂安·诺伯格 - 舒尔茨（Christian
Norberg-Schulz）有关于场所精神的著作；尤哈尼·帕拉斯
马（Juhani Pallasmaa）的著作《皮肤的眼睛》（The Eyes
of the Skin）；达利博尔·韦塞利（Dalibor Vesely）关于代表
性危机的讨论；卡斯滕·哈里斯（Karsten Harries）关于建
筑伦理功能的论述；斯蒂文·霍尔（Steven Holl）对于现象及
水彩画引起的建筑体验的讨论，等等。

然而，**对海德格尔的评价不是压倒性的正面，而且远远
不是。在所有为深受困扰的 20 世纪着色的人们中，海德格尔
或许是最有争议的一个。**他是一名纳粹党员，于 1933 年在恐

怖与兴奋的浪潮中，兴高采烈地就任弗赖堡大学校长，同时把法西斯力量带入大学。是否这位哲学家在次年便辞职标志着他对纳粹痴迷的终结，或者是否他仍然保留终生的纳粹身份，这些事情使他备受争议，正如他颇具争议性的哲学观点，有来自评论家的支持也有憎恶。毫无疑问的是，在海德格尔哲学生平中，的确有一些令人难以接受的时刻，对这些时刻应该予以承认并应该受到谴责。然而，著名的建筑评论家用十分犀利的言辞批评哲学家——有人写过一篇题为《忘记海德格尔》（Forget Heidegger）的文章（在**让·鲍德里亚**写作《忘记福柯》之后）（Leach 2000）——他们既是从建筑政治的战场角度也是从道德的高度去这么做。无论如何，海德格尔拥护纳粹的名声在建筑学术象牙塔里仍然是个高风险的话题。可以明确的是海德格尔在纳粹主义面前坚决推崇乡村与低技术，在纳粹主义期间及之后，危险地滑向"鲜血与祖国"的纳粹口号。但同时也比较明显的是，自 20 世纪后半叶以来，许多"高尚的"西方建筑和建筑理论应该万分感激海德格尔的理论影响。

那么这位饱受争议的哲学家关于建筑究竟提出了什么观点呢？为什么有那么多建筑师愿意倾听？海德格尔质疑专业实践的程序及计划，他的立足点基于建筑学方面，即对受技术官僚影响的西方世界提出了较为广泛的批判。战后时代，西方人士似乎通过提高经济和技术统计的参照性来证明自己的行为具有合理性，在此背景下，海德格尔认为人类认知的直觉性不应该被忽视。根据他的观点，人们首先可以认知他们周围环境的栖居并对此做出情感上的反应。只有这样做，他们才可以通过科学技术尝试衡量对事物的看法及行为活动是否合理。鉴于建造工业领域需要处理大量的数据，比如工程师和物料测量师，那么可以说建筑师的首要工作是，他们需要认真考虑人类体验。海德格尔建议随着时间推移可以建立实体模型，以探索人们是如何衡量他们在世界上的场所。事实上，通过记录追踪人本身大小规模的实际参与性，建筑物本身可以为每一个建造商和居住者设定出特别的精神特质。以这种方式，建筑可以帮助实现以人为本，以便根据不同需求设计出个性化场所。海德格尔认为这就是过去建筑是如何被理解的，然而对技术永不满足的渴望使得原本清晰的思路变得难以理解。

因此海德格尔的建筑模型是以人类体验的质量为中心。同时他呼吁重新整合筑造与栖居——重新整合某地的建造行为与栖居活动及质量——强调应与书籍和杂志上的"高尚"建筑设计一样来弘扬非专家设计的建筑，声称应在家中通过周而复始的日常生活，而不是通过任何类型的完成品，来探索建筑的本质。20 世纪 60 年代及 70 年代，许多建筑作家在其作品中也提出了与之相似的观点[①]，比如：简·雅各布斯（1961），伯纳德·鲁道夫斯基（1964），和克里斯托弗·亚历山大（1977a；1977b）等，他们质疑建筑专业人士的权威，反而愿意寻求非专业建造的有效经验。建筑从业者们非常重视这些质疑性的观点，即海德格尔思想所表明的工业化生产的优先权恰恰与他们自己所发现的一样，事实上这种优先权正渗透到西方社会各个领域。通过思考海德格尔的建筑论，建筑学术界真正开始协商有关建造活动的生产制造故事与图像、历史由来及其代表性。

简而言之，海德格尔的建筑论具有以下显著特点：特殊的

---

① 简·雅各布斯（Jane Jacobs），《美国大城市的死与生》（1961）；伯纳德·鲁道夫斯基（Bernard Rudofsky），《没有建筑师的建筑：简明非正统建筑导论》（1964）；克里斯托弗·亚历山大（Christopher Alexander），《建筑的永恒之道》（1977a），《建筑模式语言》（1977b）。——译者注

道德观；强调人类存在与居住的价值；理所当然的神秘主义；乡愁倾向；突出限制科学技术应用。其建筑论隐喻了正如英雄和恶棍般的正反两面。英雄是不受外界影响的乡土主义者，一定程度上讲是那些对自己的身体和情感十分了解的人，也包括那些倾向于将过去浪漫化的人。恶棍便是那些崇尚数学定量化的统计学家们与技术统治论者们，也包括通过立法权力和拘泥于主流的城市权威而屈从于相称的日常行为活动的那些专家们。然而海德格尔观点的自身背景所存在的风险在此处已是很明显。浪漫主义神秘色彩的归属感既可以将人们排除在外也可以包容在内，怀疑高知识层面辩论而支持常识，该潜在可能性均可导向极权主义。那么其观点会不受控制地走向法西斯主义，正如海德格尔本人一样，在1930年代至少在短时间内卷入法西斯漩涡。

4　　　海德格尔的著作与争议几乎总是联系在一起。本书接下来不会就这些争议加以讨论。这是一本建筑师的书，由一位建筑师写给建筑师们的书。尽管书中涉及相关哲学著作，但本书不会主张探索新的哲学视角或者希望解决哲学问题。相反地，本书旨在引起建筑师对一些重要问题的关注，并着重强调其中一些方面，即看起来与建筑设计工作活动密切相关的因素。有些人因海德格尔参与纳粹而否定他的著作，对他们来说，这本书充其量属于无用功甚至更糟，被看作海德格尔这个坏蛋及其糟糕著作的同谋。对我个人来讲，我承认并且支持其观点。然而，如果假装地认为海德格尔对战后建筑专业实践及理论没有什么巨大影响，则看起来很愚蠢。事实上，他有很大的影响——许多有影响力的建筑从业者与学者都非常关注他的研究——时至今日他的影响力仍然存在。基于这一原因，记住海德格尔的论点及其影响力并领会理解他所持观点的要素是非常重要的。此处我的主要目的是想帮助大家了解这位科学家的理论内容。当然我的建议是谨慎的。恳请各位读者本着批判的态度予以关注。希望一些建筑师在阅读过程中能获得建设性的设计理念，也希望一些学者能够探索更深层的洞察力，也有其他人会在此过程中会遇到一些根本性的困难。

本书主要专注于海德格尔的《筑·居·思》——1951年首次出版——与之并行的还有另外两篇现代文章，帮助强调海德格尔的观点：《物》（The Thing，1950）与《……人诗意地栖居……》（…Poetically，Man dwells…，1951）。一些哲学家会觉得该核心观点颇为费解。**纵观海德格尔人生中的大部分时间，他喜欢做非学术倾向性的计算演示，受启发于和信念一样的日常乐趣，往往认为直觉胜于对学术对话的学习**（Safranski 1998，128-129）。可以说海德格尔在1950年到1951年期间的文章标志着处于和纸上谈兵之哲学相距最远的轨道上，标志着他支持情感直接反应的最激烈的哲学观点。这是海德格尔著作中的观点被哲学家引用最少的一段时间。然而，尽管海德格尔在他一生中其他时间也有建筑著作——值得注意的是1935年的《艺术作品的本源》（The Origin of the Work of Art）（1971年译），还有1927年的《存在与时间》（Being and Time）（1962年译），和1971年的《艺术与空间》（Art and Space）（1973年译）——但是可以说1950年到1951年的这三篇文章是海德格尔的与建筑最相关的著作，准确地说是因为他在文章中用最直接的观点塑造了他在直观体验方面的权威。

绪论之后的第2章从"山中之行"开始，简要介绍海德格尔的一些重要哲学观点，接下来的章节将详细论述并引用这些观点。在讨论海德格尔文章之前是有关他生平的简短介绍。我的讨论通过参照其他相关文献，围绕着每一篇文章的结构而展开。这种方法——无论好坏——可以原汁原味地保留哲学家的修辞手法以及能够自圆其说的论点模式。如果你愿意，也可以和本书一起按照海德格尔的文章去探讨。海德格尔的三篇英文版文章被收录在《诗歌·语言·思想》（Poetry，Language，Thought）中，于1971年首次出版并且至今仍然被再版，本书中所做的引用页数参照了1971年版本。本书最后一章内容是探讨一些建筑师和建筑评论家是如何诠释海德格尔思想观点的，该探讨围绕着一个特别的例子展开：彼得·卒姆托设计的瑞士瓦尔斯温泉浴场。

第 2 章
山中之行

　　海德格尔通常居住在位于**黑森林**山脉中专属于自己的托特瑙堡小屋（Todtnauberg），小屋建于 1922 年，只要时间允许，海德格尔都会静居在那里。随着年龄增长，他用哲学思维形容这些当时的场景：林中漫步成为写作的重要灵感，他在那里至少教授过一节滑雪课①。他认为自己的思考类似于沿着林中小路行走，因此将其中一篇文章命名为《林中路》（*Holzwege*），另一篇为《路标》（*Wegmarken*），即能够帮助步行者紧随小路行走的一些记号。从该意义上去考虑，那么我想邀请你开始山中之行以简要介绍海德格尔有关于建筑思想论点的一些方面以及一些难点。

　　尽管哲学家的远足是沿着他所喜爱的黑森林路径，但我们将会在英格兰湖区徒步行走。我们从名为凯西克（Keswick）的小市镇开始，在夏季，这里游者众多，空气喧嚣。街道上、商店里、酒吧里及茶馆里挤满了享受一日游的旅行者：有的乘坐大巴，有些家庭自驾，不管花了多长时间才找到停车位但也尽量保持好心情。小镇周围的山及其毗邻的德文特湖形成了连绵不断、若隐若现的背景，但这种美景被淹没在城市的狂乱喧嚣之中。当我们沿着地平线上最为寂静的山丘前行出城时，斯基多山的灰色山体和街道变得愈趋安静，步行使我们平静下来，一种如释重负的感觉油然而生。我们从主路拐

---

① 海德格尔对林中地形较为熟悉，也喜欢在那里滑雪，甚至有时候会和朋友一起边滑雪边讨论哲学问题，所以他能够教授滑雪课。——译者注

向岔道，先是沿着带有车辙印的小路前行，然后沿着人为踩出的小路前行。10分钟之后，俨然感觉和小镇有一个世界之遥。接下来的半个小时，一直在沿着已辟出的路盘山而行，上山过程比较艰辛，因此很少注意到周围景观的变化。但是我们一定是已经适应了周围环境，因为当我们到达山顶那个小而拥挤的停车场时，柏油路面跟周围环境格格不入，感觉就像外星人入侵。我们没有跟随着其他徒步者走那条通向斯基多的主要山路，而是选择了通向荒芜山谷的另外一条更窄的蜿蜒小路。站在此处，我们最后看了一会儿远处的凯西克、停车场以及正在爬向山峰的徒步者们。现在回到独处状态，我们开始更多地观察。我们的感觉似乎变得更加敏锐，或许是因为我们已经把一些烦恼抛掷一边，因为鸟儿动听的歌声和附近小溪的流水声似乎很是悦耳，甚至云朵在斜坡上的投影都引起了我们的注意。当然我们也注意到了自己投射到地面上的影子，更加清醒地认识到自己身体的移动以及来自感官的刺激。

海德格尔认为日常生活的方方面面，尤其在西方世界，起到分散人类实存"真正"优先性的注意力之作用。对他而言，大多数人在大部分时间都抓不住重点。他着迷于人类"存在"，或者说是一个任何父母都无法为他们孩子解答的问题——为什么我们会在这里，或者如在海德格尔所喜欢的莱布尼茨公式中提到的——为什么"无"并不存在。对他来说，人类存在的事实不应该总被忽略，相反地，其本身所具有的丰富多样性及差异性应被作为生活中心来庆祝。**从知识渊博的智者到凡夫俗子，每一种人类活动，正如他所认知的那样是经过适当考虑的，其权威性来自于"存在"这一永恒的核心问题，并且从哲学角度为探索该核心问题提供了机会。**然而，在海德格尔看来，大多数人往往沉浸在琐碎的日常生活中，以至于忘却了大而复杂的问题。类似于担心能否在凯西克找到停车位，或者能否在茶馆里找到一张桌子，所有这些在哲学家看来都属于生活太过舒适的一种注意力分散，或者是一种职业疗法，可以容许人们逃避面对有关存在原始事实的难解问题，以及那些问题的含义。

对海德格尔来说，正确的见解和存在事实及其踪迹有着很大的相关性。所有这些踪迹，就像我们自己的影子，山的轮廓或者鸟鸣声和溪流声，都属于我们奇迹般存在的提示。这些提示告诉我们这个世界看起来是多么的奇妙。于他而言，当我们认识到这些提示时——当我们记得注意到自己的存在——那么我们可以得到片刻放松。海德格尔认为这样的时刻可以容许人们更为宏观地对自己进行定位，在比生命周期更长的时间跨度中找到和琐碎细节之间适应性的距离。哲学家倾向于用严谨的修辞为自己恰当的见解润色。他认为一个学科的开放性需要仔细倾听并参照周围世界的真实性细节。这种方式的思考是一项困难的工作，貌似最好独立完成。海德格尔并不热衷于苏格拉底式对话，即使那是被奉为哲学典范的学者间的口头辩论。

回到山中之行，我们继续沿着斯基多山与布伦卡思拉山之间的山谷缓慢攀登。天空中几处逐渐变厚的云层仿如黑色的斗篷遮住了天空原本的蓝色。除了飞翔的小鸟和零星几只羊，举目望去几乎看不到其他什么生灵。前方的远山开始笼罩在一片雾气中。我们意识到那片雾气实际上是雨，似乎正在向我们所在的山谷中移动。我们两边的山峰均已消失不见。在我们所处的位置，可以看到雾气正在朝此处聚集并逐渐把我们包围。天空越来越黑，这看上去似乎将有一场大暴雨。好在我们还有时间穿上防雨服。突然间，我们认识到这种独享清净的徒步比最初的想象缺少了些被自然关爱的感觉。我们仍将需要在暴风雨中行走较远一段路才能到达休息地。我们只希望当大暴雨开始时不会失掉风度。

海德格尔苛求严谨性，与此同时他发现在情绪非常激动的时刻，存在可以在现代生活中产生最大程度的共鸣。任何迷失在山腰迷雾或雨水中的人都会领会到其中所产生的恐惧。当面对风雨时，人们会空前地感到无助。海上风暴、地震或者洪水都会让人产生相同的感觉。**海德格尔认为强烈的情感，比如在热恋中或接近死亡时，同样表明人们对自己所能施加的影响是微乎其微的。**这预示着每个人和生与死、存在与虚无的直接体验是多么接近。对他而言，日常生活中的支柱与轻重缓急，和我们多少可以控制一点的科学与技术支持体系，在上述环境中都很少具有相关性或者舒适性。无论我们喜欢与否，我们自身的存在是直指我们关注力的推力，我们最喜欢的生活消遣则成为次要内容。于海德格尔而言，存在及其同质异构体应该继续刺激我们敬畏的情绪。根据他的观点，当我们忘记持续性的存在和存在的潜在力量时，我们会迷失方向。

当雨水笼罩着我们，在地面上跳动，而且打湿了防雨服的时候，尽管有些惊慌，但暴雨并不让人觉得畏惧。雨很快就停了，天空变得晴朗，我们松了一口气。继续前行，山峰再现，山谷变宽，远方一所房子映入眼帘，房子被几棵随风摇曳的大树包围着。那间有着陡斜坡屋顶的长长矮房紧靠南向河岸，前面还有一个与河岸平齐的外部露台。非常熟悉的门窗尺度，排列成两行，在周围山峰掩映下毫不起眼。离房子更近些，可以清楚地看到石墙是由山上原石砌成的。也可以清楚地看到没有路通向房屋，也没有与供电网相连接。这是山谷中人类居住的唯一标志，和最近的邻居相隔甚远，需要向上爬较长一段山路。越来越近，可以清楚地看到房子的结构——有标牌显示不久前是作为斯基多之家青年旅馆——但是现在已经关张并且处于遗弃状态。

对海德格尔来说，人类存在的权威性主导着日常生活，同样也主导着建筑物。于他而言，建筑物帮助确定人类存在的位置。他相信建筑物的设计与配置是以人类存在为中心，随着时间推移也会影响人类存在行为活动。一般来讲，结构是住户根据自己需要建立的，然后根据自己的居住方式进行不断调整。反过来，住户的生活方式也会受到建筑物的影响。对他来说，建筑物矗立的真正缘由是因为人类的存在。**在海德格尔看来，建筑物是根据场所及住户的特性建造的，根据自然地形与人文地貌塑造其形式。**它也可以是由自然产物而建造：石材、木材和金属等。海德格尔认为建筑物更多的是使人们能够定居而不是抽象物体。而建筑的形式可以反映人们的精神特质及理念。通过建筑物的细部设计也可以读出人们的愿望和理想。再者，建筑物在有人使用和无人使用时所呈现的状态是不同的；根据其状态可以清楚地判断出建筑物有人使用还是无人使用。

按照海德格尔的思维方式考虑，斯基多之家旅馆把人类生活定位于山谷中，代表着那里的人类存在。它的建造是根据第一家住户的需要。然后建筑本身影响了住户的生活方式，同时住户通过自身的日常使用持续地塑造建筑物。建筑材料主要来自就地取材，或许就在房屋周围视线范围以内。可用的建筑材料一定程度上决定了其建筑结构。该建筑也和当地微气候相适应：倚靠河岸从而最大限度地获得南向太阳光并抵御了北向的阴冷。坡屋顶设计源自在如此空旷暴露的环境中有效遮蔽雨雪的实用性。朴素开窗源自后面房间的采光及通风需要。因此，斯基多之家的建造可以被诠释为对其周围环境的一种理解方式，与人及场所和就地取材相关，这与海德

10

格尔所持观点相一致。但是被改建为青年旅馆和后来的关闭，也讲述了在这个场所中，那种生活方式和对那种生活方式的理解的逝去。房屋不能维持下去。没有人想继续住在那里，也没有足够多的人愿意待在与西方人要求的舒适性相差甚远的某处地方。维护检修斯基多之家已经变得太过昂贵。这栋建筑物曾经代表着一种住户理念的存在，这与海德格尔所提倡的观点并不相悖，甚至说当前的无人居住状态也是亦然。处于半废弃状态下，这座房子是过去的一个醒目的片段。

我们带着走另一条路的想法折返回去：这是一条通向山谷对面的岔路。这条岔路杂草丛生、碎石挡路，必须一直集中注意力，因此我们发现很难仔细观察这条新路周围的环境。羊群在这里留下了很多足迹，所以我们必须不断停下来确定我们所走的路是否正确。我们刚才一定是无意中走了一条羊群踩出的小径，因为小径在前方逐渐消失，所以我们必须回到最初的那条路。当到达一座刻意铺设在小溪上面的小木板桥时，我们知道路走对了。

当海德格尔写作本书中概述的关于建筑的三篇文章时，他认为思考很像沿着"Holzweg"，即黑森林中伐木工人的小路行进。他做了很多这种比喻。伐木工人的路径容易令人迷失方向，周围密密麻麻的树木矩阵，阻隔了人们可能望向远处的视线。对哲学家来说，徒步者充满信心地沿着一条小路前行，那么一定能够通向某地。但是当处于行走过程或者思考过程时，往往很难确定是否行走在正确的道路上。那条路或许会通向死胡同，或许在绕圈。只有当偶尔走到一处开阔地，使你感到熟悉或者拥有能够看到更广阔的景观的较好视野，才有可能帮助确定身处的方位。**对海德格尔来说，思考就像是沿着前人或多或少已经在地面上走出来的小路前行，沿着最有前景的拐点前行，有时候会迷失方向，有时候会到达明亮**

11

且方位相对较清晰的林中开阔地。按照这种模式，思考的初始阶段往往会绕弯路，但在前进过程中最终会豁然开朗，有所发现。这并不是一个有组织的体系或者具有逻辑性的过程。根据海德格尔的观点，任何试图进行系统化思考——即逻辑抽象或量化的过程——都是徒劳的。思考需要那种能够给思考者带来潜在惊喜的灵感。这种灵感会出现在思路清晰的时刻，恰如收到礼物一般，其本源最终却仍然是神秘的。海德格尔认为，存在——作为思考想法的第一个方向——不应该被抽象概述或者归类到一个体系中。海德格尔的思考模式是一个可敬且神秘的模型，正如他所理解的，力求促进存在的权威性，并否定那种他认为是与通过科学与技术而竖立起来的虚假确定性相关的系统化冲动。相反，对他来说，思考的权威性源自于每个人独有的判断力这一重要特点。

当我们走出山谷时，日常生活的迹象又变得明显起来。首¹²先，我们看到有其他徒步者走下斯基多山，接着对面山坡上的房子映入眼帘，最后我们看到山下不远处有条主路。我们走向主路，再向下到小河附近，便找到了回凯西克的一条小路，回到能吃能喝的地方。

海德格尔笔下的山区生活，是作为"在那上面"而产生哲学影响，指的既是道德高度也是海拔高度。对这种权威的理解来自于原生存在和山脉的自然韵律，尤其是他意识到这可以作为理解存在的优先路径，同时哲学家也强调在这样景色宜人的地方会获得一些在西方世界社会生活中日益缺失的经验。人们自身存在意识觉醒的时刻，即从感官、情感及自然现象上回归灵魂深处，海德格尔认为这些良机少之又少。在比我们人生更长更宽广的时间跨度中，他认为人们正在失掉领会理解自身存在的能力。正如海德格尔所认知的那样，他对这些自然景观存在的特殊权威性的理解，标志着他的浪漫主义色彩倾向。

英格兰湖区，我们徒步行走的地方，可以称之为浪漫主义色彩的缩影。这里受到许多著名浪漫主义者的推崇，比如：玄学派诗人威廉·沃兹沃斯（William Wordsworth）和风景画画家约瑟夫·马洛德·威廉·透纳（J.M.W.Turner）。作为一种倾向，浪漫主义的特点是内省、感性及敏感性：对自然力量的敬畏和对自然超凡的洞察力凌驾于人间诸事之上。这种特质激发了海德格尔关于栖居及场所的著作。然而，浪漫主义饱受批评，被指责为幼稚的乐观主义及推卸责任。对质疑者来说，浪漫主义因刻意的诗化描写而令人着迷，他或者她却未能理解体会人类自身的罪恶与苦难。英国背景下——部分原因是沃兹沃斯、透纳、约翰·拉斯金（John Ruskin）、威廉·布莱克（Williams Blake）及威廉·莫里斯（William Morris）——所遗留下的浪漫主义文化遗产过度渲染了纯真善良。这已经成为大众梦想家的兴趣所在，一些野外生活慈善服务机构就证明了这一观点，如童子军、漫步者协会及青年旅馆协会等。然而，德国背景下的浪漫主义更为复杂。纳粹主义口号大量借用与浪漫主义相关的内容，比如"鲜血与祖国"（Blut und Boden，即 Blood and soil）。纳粹时代之前、期间及之后，德国浪漫主义英雄在海德格尔著作中均扮演着重要角色。许多人都认为，海德格尔对浪漫主义的偏好是他哲学思想中最危险的因素之一。一旦人们以自己所处的地方为荣并且庆祝这种归属感，那么其他人则被排除在外，因为他们不属于该地。这就播撒下了种族主义及迫害的种子。当一方土地被蒙上浪漫主义面纱，那么这片土壤可能孕育出丑陋的事物。

海德格尔抨击旅游者，他认为旅游者们只是参观，并没有领会理解。仅仅一瞬间的亲临其境，他们无法探知哲学家在那里发现的有关存在的重要踪迹。海德格尔态度强硬地认为，只有某些特定的生活方式是本真的，而其余的则都是虚假的。在许多批评家看来，这些本真论恰恰是海德格尔著作中最受质疑的方面，批评家们以西奥多·阿多诺（Theodor Adorno）为首，他们的观点将在下面篇幅加以讨论。本真论承认两类人：一类是真正的行家，即能够领会理解存在线索的海德格尔们；另外一类是不懂得或者没有被教会如何领会理解的人们。但是对阿多诺等人来说，海德格尔的本真性是非常危险的，因其分裂性和潜在独裁性——尤其是那些觊觎特定文化的地方，这种情况尤指德国。这可以再次称之为种族主义萌芽。

无论你是以何种身份阅读山中之行，作为旅游者还是海德格尔派，作为对山区本真性情有独钟的慈善机构会员还是一名批评家，本章对将要贯穿全书的一些概念已作了简要介绍；这些概念包括：存在；筑造与栖居；科学与技术；体系与神秘；存在与虚无；本真性与排他性。这些主题会在《物》《筑·居·思》和《……人诗意地栖居……》中做更多讨论。但是详细论述之前还需要另外一章作铺垫，这绝对是必要的。

14

定位海德格尔

　　海德格尔的生平特点取决于他生活与写作的地方。他的青年时代是在德国南部一个名叫梅斯基希（Messkirch）的小镇度过，他于 1889 年生于此地。海德格尔的父亲是小镇的教堂司事。这项工作很大程度上决定着家庭生活，1895 年，他们一家搬到了教堂附属的员工住房（Safranski 1997, 1-16）。这所房子和教堂并行，中间是小镇广场，这里成为海德格尔儿时的游乐场（图 1）。海德格尔参与唱诗班和教堂敲钟工作，他的生活安排是根据时钟和天主教活动日程表而定。而且教堂为海德格尔的教育提供了一系列奖学金。他被送到寄宿学校，主要学习神学，先是在康斯坦茨，然后又去了布赖斯高地区的弗赖堡（Freiburg）。无论是在学校，还是回到梅斯基

图 1　海德格尔儿时的游乐场，梅斯基尔希镇的教堂广场，他父母以前的住房在左，教堂在右。

尔希度假期间进行长久乡间漫步时，年轻的海德格尔开始冥思苦想关于神学与哲学的问题（Heidegger 1981b）（图2）。这或许并不令人奇怪，因为当他写到关于栖居与场所时，他主张一种类似的关于方位、惯例和精神特质及理念的严格秩序；而且他不断努力在自然变化中寻找灵感去思考。

图2　梅斯基尔希附近的一条路，在这里，年轻的海德格尔开始冥思苦想哲学议题，图为回看此镇。

海德格尔在17岁时曾短暂进入耶稣教会机构，但是那里并不适合他。他转而在弗赖堡的阿尔伯特－路德维希大学进行神学与哲学的学术研究。1907年，梅斯基希教区牧师给了海德格尔一本弗朗茨·布伦塔诺（Franz Brentano）写的哲学书，标题为《亚里士多德关于存在的多重含义》（On the Manifold Meaning of being According to Aristotle），引发了他对存在主题持续终生的兴趣（Ott 1993，51）。通过曾经教过埃德蒙·胡塞尔（Edmund Husserl）的布伦塔诺，海德格尔开始对胡塞尔的书《逻辑研究》（Logical Investigatons）感兴趣。继1915年海德格尔完成关于神秘的神学家——邓斯·司各脱

（Duns Scotus）的教学资格论文后，胡塞尔也成为弗赖堡的哲学教授，二人随之相识。[①]

海德格尔与来自普鲁士的路德新教教友埃尔弗里德·彼得里（Elfride Petri）于 1917 年结婚。那时他是弗赖堡大学的助教，很快又成为胡塞尔教授的助教。特奥多尔·基谢尔（Theodor Kisiel）在他的书，即《海德格尔〈存在与时间〉的起源》（The Genesis of Heidegger's Being and Time）一书中，认为海德格尔正通过阅读诸如胡塞尔、亚里士多德（Aristotle）、奥古斯丁（Augustine）、狄尔泰（Dilthey）、康德（Kant）、克尔恺郭尔（Kierkegaard）及路德（Luther）（1993，452-458）等人的著作，开始缔造其特有的哲学地位。这些研究开始引导着他走向排斥宗教哲学和天主教实践的道路，也意味着他与很早以前的朋友及影响了整个童年时代的信仰体系的关系决裂。这个决定或许与教会对他资助的终结，以及其新婚妻子的新教背景有关联，或许也表明了他想加入主流新教学术精英圈的愿望（Ott 1993，106-121）。

胡塞尔既是海德格尔的朋友也是良师，在他的帮助下，年轻的哲学家 1923 年受聘于马尔堡大学（Marburg University）任哲学教授。他和家人（他的两个儿子分别出生于 1918 年和 1920 年）搬到马尔堡，但是他并不喜欢这个城市。只要有可能，他们便去几个月前专为他们而建的，离弗赖堡大约 20 公里远的托特瑙堡山间小屋（图 3）。海德格尔把他幸运的学术权威归因于这间小屋及其周围景观，小屋及其周围景观在接下来的 50 多年的思想生活中扮演着日益重

---

① 1915 年夏，海德格尔完成题为《邓斯·司各脱关于范畴的学说和意义的理论》的论文获讲师资格。1916 年 4 月起，胡塞尔任弗赖堡大学哲学教授。当时，海德格尔白天在邮局工作，晚上在弗赖堡大学听课，故得以与胡塞尔相识，并于 1918 年成为胡塞尔的助教。——译者注

图3 海德格尔的托特瑙堡山间小屋，是他生命及思考的源泉

要的角色（Sharr 2006）。他曾经在1934年谈到在山间小屋中，非但是他来探索哲学，哲学却仿佛自然而然地找上门来，而他就如一名感情丰富的抄写员，几乎是悬浮于文山字海中，思如泉涌（Heidegger 1981a）。在山中，海德格尔建立了极度有规律的生活方式，起居、写作、劈柴、用餐、睡觉、散步以及滑雪，这种井井有条的生活方式使他能够集中注意力，正如他在梅斯基希的童年时代一样。

　　尽管他不喜欢马尔堡以及那里的学术圈，但作为一名年轻的教授，海德格尔在那里形成了自己鲜明的特色（Lowith 1994，29-30；Gadamer 1994，114-116）。**个子不高，讲话带有很浓重的地方口音，农民打扮，他引人注目且非常有激情的授课方式却迷倒众生**。他迂回的提问方式，大量的反问题，产生了巨大的影响。海德格尔的声望很快像野火燎原一样在学生们中间传播开来，令人惊讶地影响了一大批学生选择哲学

18

生涯，这其中便包括日后闻名于政治哲学界的**汉娜·阿伦特**（Hannah Arendt）（她与海德格尔的风流韵事至今仍为人们津津乐道），蜚声于诠释学研究的汉斯-格奥尔格·伽达默尔（Hans-Georg Gadamer），以及在马克思主义哲学研究方面颇有影响的赫伯特·马尔库塞（Herbert Marcuse）（Wolin 2001）。

1928 年，海德格尔从马尔堡返回弗赖堡，接替了退休后的胡塞尔进行授课，开始在德国最具盛名的哲学教授之一的职位上工作。这一位置随着海德格尔《存在与时间》（Being and Time）一书的影响力而得到巩固。该书在他就任该教授职位前一年以未完成本出版，至今依然是他最负盛名的著作。尽管为海德格尔及其家人在札林根城的市郊建造了一所城郊住房，但是如果可能，他仍然继续在托特瑙堡静居。

19 在很大程度上，由于《存在与时间》的广泛国际影响力，在 1930 年代早期海德格尔可以说是一位公认的思想家。当纳粹分子在 1933 年 4 月夺取政权时，他成为处于政党重建狂热环境中的弗赖堡大学校长。几乎同时，他加入了纳粹党，并按照时间表有计划地进行了最大限度的宣传，并帮助该党在学术圈内实施一些纳粹政策。他在演讲中将其独有的哲学语汇和法西斯宣传融合到一起（Heidegger 1992）。1934 年 4 月，据说是由于对法西斯政权大失所望，海德格尔辞去校长职务，重返研究和教学。海德格尔认为他对大学的抱负——貌似根据自己的哲学理念重组大学——已经流产。然而，在任期间，他实施了很多纳粹政策，包括关于驱逐犹太学者的"种族"指令，这些学者当中就包括胡塞尔。根据海德格尔的战后自辩书（1985），他在默默抵制法西斯政权中度过了剩余的希特勒年代。他研究弗里德里希·尼采（Friedrich Nietzsche）的哲学和诗人弗里德里希·荷尔德林（Friedrich Hölderlin）

的著作，二者身上均有纳粹言论的烙印。1946 年，大学宣布，海德格尔为法西斯政权服务这一事实存在，而且他的教学在当前环境下被判定为太过"不自由"（Ott 1993，309-351）。因此，哲学家被强制退休，但可以领取养老金，他被禁止教学直至另行通知。

评论家们写到海德格尔的著作在 20 世纪 30 年代初期与 50 年代之间的某个时期有了转变（Hoy 1993）。这个转变的时机无论是对其支持者还是反对者都一样具有哲学价值，因为这恰好与其对纳粹大失所望的时机相吻合。哲学家的后期著作受到他对最初信念思索的影响。他再次研究神秘的神学家，而且越来越关注德国诗歌艺术中蕴藏的哲学意义，尤其是荷尔德林、里尔克及特拉克尔。他也思考研究最早期的哲学家，比如前苏格拉底学派（其文本只余一些令人费解的片段），还不为人所注意地触及一些具有东方传统风格的资料（May 1996）。

1950 年，由于海德格尔支持者的请愿，大学评议会解除了对他的教学禁令。1951 年，海德格尔被授予名誉教授身份，他的教学禁令也正式解除（Ott 1993，309-371）。随后他边20写作并间或授课，继续静居于他的山中小屋。海德格尔工作到人生中最后的岁月，定期回到梅斯基希，有时会参加教堂礼拜仪式，坐在原来唱诗班所在的座位上。

1976 年 5 月 26 日，这位哲学家逝世于弗赖堡。按照他生前愿望，他被埋葬在梅斯基希的教堂墓园里。哲学家要求在其墓碑石上雕刻一颗星星，而不是周围墓碑使用的十字架，这与托特瑙堡小屋旁边水井上方雕刻的星星遥相呼应。与他一同埋葬的还有黑森林的树枝和悬挂在小屋书房窗外的风铃。这些最后的请求似乎表明海德格尔与童年时期生活规律共存的人生归宿，而不是一种和解，也明确了他与通过有规律的山中生活而建立起的哲学之间的不解之缘。

在他生命的后期，1969 年的勒·托尔研讨会上，海德格尔声称他的思考轨迹可以分为三个阶段：首先，包括《存在与时间》在内的前期著作；其次，该书与其转变之间的时期；第三是转变之后的阶段。他认为每一个阶段可以用下面三个词语之一来形容其特征：依次是"意义－真相－场所"（Casey 1997，279）。由于较少涉及参与哲学辩证法，而是试图从熟知词语的原意中塑造一种令人所不熟悉的语汇，海德格尔第三阶段的著作往往显得陌生且独特。海德格尔选用"场所"这个术语来总结这些著作，这对建筑师来说意义重大。他不仅指他自己亲身体验的地方，尤其是指他的山林小屋，而且也指具有重要意义的思考需置于特殊背景下，事实上一个多元化的概念就在随后将要讨论的三篇文章中得以拓展。

海德格尔的建筑思想

第二次世界大战后，德国正在经历巨大的政治与社会重建之时，海德格尔写出了有关于建筑的三篇主要文章，《物》（The Thing）（1950），《筑·居·思》（Building Dwelling Thinking）（1951），及《……人诗意地栖居……》（...poetically, Man dwells...）（1951）。1949年，西方盟国建立了德意志联邦共和国（西德），差不多同时，东部地区则成立了德意志民主共和国（东德），意识形态对抗的分裂状态也成为现实。为解决战后广大民众温饱及住房问题，与复兴和生存息息相关的基本产业成为燃眉之急。战争所带来的破坏使德国满目疮痍，重建处于困难重重的初期阶段。1939到1945年期间，五分之一的德国家庭被摧毁。战后评估表明，在西德——在海德格尔所居住的弗赖堡和黑森林——来自东德的难民需求250万套住房，此外还要为年轻一代的家庭另外提供100万套住房（Conrads 1962）。在海德格尔居住的弗赖堡，与其他地方一样，亲朋好友们合租直到他们能够找到合适公寓或者拥有自己的房屋的现象极为普遍。Wohnungsfrage 这一术语，即"栖居问题"①，是当时的新造词，用来形容一直持续到1950年代的住房危机。海德格尔《筑·居·思》中对居住的讨论及其相关论述，都是针对这一问题的直观反应。

海德格尔对栖居问题的研究不仅仅是基于一般兴趣，也

---

① 可以理解为我国国情下所描述的"蜗居问题"。——译者注

基于自身痛苦的经历。这位哲学家与纳粹政权千丝万缕的联系使其在战后直接受到住房问题的影响，而这种影响事实上也波及弗赖堡的盟军占领军和他的学术同仁们。在 1945 年，不但遭受轰炸而无家可归的百姓迫切需要住房，占领军队也是如此，于是一项征用纳粹支持者住房的计划开始实施。根据该项计划，海德格尔位于弗赖堡的郊区住房被宣布为"共享住房"。因此，"若干年内"，哲学家及其家人不得不与另外一家或两家共用此郊区住房（Ott 1993，312）。当海德格尔写作关于栖居问题时，他的确有住房被征用这一栖居问题的切身感受。

22

　　几乎在同一时间，弗赖堡大学举行去纳粹化听证会以开始改组大学机构，海德格尔被传讯出庭为自己作出辩护。法庭不但有权力解雇一些学者而且也可以没收他们的书籍以补充受到破坏的大学图书馆藏书；这种权力是必要的，但也具有公开的羞辱性。海德格尔并没有受到该处罚，尽管一段时间内该处罚似乎有可能发生。他仅仅是被宣布不再适合授课并以全额养老金退休（Ott 1993，307-351）。这一决定于1950 年得以再议，他被允许可以继续执教。同年 6 月受到邀请作了关于《物》的报告，这是哲学家复职后的首次公开亮相。《筑·居·思》是在 1951 年 8 月"人与空间"会议上发表的，此外，海德格尔在美丽的巴登－巴登布勒霍温泉作了《……人诗意地居住……》的讲座，这是哲学家的又一次完美亮相。**此处所探讨的文章在海德格尔的著作中占有重要席位，不仅仅是因为它们所关注的是时间方面的重要议题，也是因为这是他被强制保持沉默之后作为哲学家的首次演讲。**

　　或许是因为海德格尔在公众面前进行演讲，这三篇文章既有辩证意义也有哲学意义。他们以类似的方式解决相关问题。他们互相强化论证思想观点。在所有三篇文章中，他选择探索当代实存的一个方面，而这种存在表明了他认识到的一种与往昔不合时宜的比较。他试图以此减轻对当代人类生活体验的悲观看法。

海德格尔发现词源学，即对词语的溯本清源，可以成为
洞察力的源泉。他认为自己扮演着词源考古学家的角色；挖掘熟知词汇的含义，并运用自己的研究去质疑普遍认可的理解。海德格尔认为撕开所熟知当代语汇上的那层面纱，就能发现其原有隐藏的真正含义（这对他来说就是本真性）。乔治·斯泰纳（George Steiner）认为：

> 海德格尔把对诠释学悖论的研究发挥到极致，该悖论包括两个方面：一方面是读者理解得比作者还要透彻，另一方面是解读本身，可通过足够深层次的激发与探索来挖掘隐藏在表面文章"背后"的本源及其含义。这无疑是海德格尔的工作研究方式，在常规解释职责的水平上，他的许多读物都是机会主义小说（1992：143）。

在本书中讨论的每一篇文章中，海德格尔都挖掘一些特殊词汇的最初始含义，即实存先决条件下的解释，其原始含义的再现可以支持他的建筑思考，并探索人们如何认知世界的独特模式。

物

"*Das Ding*"，即"物"，是于1950年6月6日受邀到慕尼黑巴伐利亚美术学院作讲座时发表的。海德格尔的听众——包括学院会员、学者及学生——挤满了报告厅，甚至涌到走廊及各个通道。1951年，该论文在学院年鉴上出版面世，随后于1954年再版于《演讲与论文集》杂志（*Vortrage und Aufsatze*）。

《物》是对生活中繁琐事物进行哲学调查而创作出的，因此海德格尔将其命名为"物"。该文的关键主题取决于海德格尔的建筑观，尤其是因为他在《筑·居·思》中探讨了作为"建造物"的建筑物（1971，152）。论文《物》内容费解、复杂并遵循着海德格尔特有的循环方式完成。哲学家认为由于国际交通业与大众传媒的发展，战后世界的距离在缩短。他认为这具有负面效果；尤其是人们对自身实存的接近度正在消失。海德格尔通过探索一个事物如何与其自身实存的先决条件相关联，而把"亲密性"的概念与"物性"的概念联系起来。海德格尔把那些先决条件命名为"四重"，他认为任何"聚集""四重"的事物可以帮助个体与周围的世界变得更加亲密（复杂概念将会在下面作详细讨论）。海德格尔慎重考虑了每一个专有名词，从词语定义角度形成了他自己的论点。这篇文章主要作出一个判断，即科学与技术不足以帮助个体去认知他们的日常体验。这些主题将从三个方面在《筑·居·思》文中专门从建筑角度再作探讨：第一，关于个体的近体性感知和对与周围世界的互动影响；第二，人们如何设想周围的"物"；第三，人们如何与世界的基本构成发生联系。

初读《物》，对一些接受西式近现代科学教育的人来说，似乎确实感觉非常奇怪。哲学家似乎将自己铸造成为读者在哲学上的向导及精神导师，一位自封的世俗社会布道者。他的著作具有神秘主义色彩，难以适应传统教育中所提倡的科技优先性。**这或许恰是该文章及其相关文章的观点：用另一种世界观来面对读者。**因其非常明显的与众不同之特点，在海德格尔著作中，《物》是具有最强挑战性的文章之一。正如探索他的其他大部分著作，必须沉溺其中方得真悟。

亲密性

通过探讨现代生活中对距离的感知变化，海德格尔以此作为起始点论述《物》。他把这些变化归结于更加快速的交通及大众传媒：广播、电影及电视。他认为对"亲密性"和"远离性"的普遍理解已经发生变化，而且意味着该变化是负面的。为了探讨此情况，海德格尔提出了如下问题："亲密性该怎么样？我们该如何认识其本质？"（1971，166）。海德格尔对自己提出的问题作出进一步延伸：

> 亲密性似乎不能直接碰触。我们可以不断成功地接近它，但不能真正亲临其境。我们被"物"所包围。但究竟什么是"物"？迄今为止，就像对亲密性一样，人们对于"物"如何成为"物"并没有给出更多思考。（1971：166）

该段引用采用了海德格尔著作中不断出现的修辞策略：他试图用神秘面纱遮盖住原本熟悉的语言及观点。他想使"亲密性"的概念更加具有疑问性，互相渗透到词语的不同含义中，但同时具有熟悉度、智慧接近性与物质接近性上的联系。在这样做的过程中，根据他自己理解的优先性，着手对亲密性进行重新定义。他开始将个体对亲密性的认同及其与"物"之间的关系连接在一起，并试图将问题引入到一种非常简单的感知中。

为了讨论"物"，海德格尔使用了一个实物例证。他构思了一个假想的器皿（"*der Krug*"）来探索人们是如何理解接近"物"的存在。特定选择的例子对他论点的发展是至关重要的，显现出与《道德经》中"器"之间的联系。① 老子是大约公元

---

① 《道德经》原文："埏埴以为器，当其无，有器之用。"可理解为：糅合陶土做成器皿，有了器具中空的地方，才有器具的作用。——译者注

前 6 世纪中国湖南省的一位神秘的思想家，老子的"道"是东方哲学的核心内容，海德格尔于 1946 年将其部分内容译成德文（May 1996，6-7）。海德格尔或许早在之前已受到亚里士多德物理学的影响，亚里士多德认为场所可被看作一个容器（Aristotle 1983，28-29; Casey 1997，50-71）。

对海德格尔来说，器皿是自身的"物"，具有"自我支撑性（Selbständiges）……独立性"（1971，167）。海德格尔断言，凭借上述特点："当我们把器皿看作已经制成的实体容器，那么可以肯定的是我们能够理解它——如此看来——是作为一个'物'而不仅是一个'物体'"。现在仅用两页多篇幅讨论《物》，但我们讨论的已足够深入。这多少有些扭捏作态的论点，在海德格尔派的准则中，至少包含两个对西方社会所盛行思考方式的挑战。因此仔细聆听海德格尔表达方式的转变是很重要的。首先，"如此看上去"几乎被视作不经意间的插入语，却是集结的口号。它可以设法证实人类直觉体验对抽象哲学真理的权威性。它建议，世界首先是被每个思考个体通过它看上去如何来感知的。其次，海德格尔认为"物"（thing）和"物体"（object）之间是有差别的。这是一个决定性的策略。该策略挑战了海德格尔眼中西方盛行的观点：即围绕在我们周围的浮光掠影都是由物体组成。在此认真考虑这两个挑战是非常重要的，因为这些挑战提出了哲学家关于建筑不得不说的关键点。此处的两个概念——你我等思考个体们根据它看上去如何来认知世界，以及"物"和"物体"之间的关系——在我们能够继续海德格尔有关假想器皿讨论之前，需要被慎重考虑。

如此看上去

在《物》和海德格尔关于栖居与场所的著作中，普遍涉及了实存中可触知的存在。大多数评论家都认为海德格尔毕生的哲学追求是花大量时间精力研究存在。海德格尔的第一部著作题为《存在与时间》(1962)，在该重要著作开始部分，他选择引用柏拉图《智者篇》中爱利亚客的一段话作为重点，恰好是对该书贴切的总结：

> 显然，当你使用"存在"的说法时，你早已经意识到你所要表达的意思。我们曾经以为已经理解其中真正含义，然而，有时也会对此困惑不解。(1962：1)

此引用，试图再次使熟知内容神秘化，以达到抛砖引玉的目的：海德格尔将存在作为主要关注点并质疑对其普遍接受的理解。哲学家对栖居和场所的探索，这可以被看作他设法理清关于存在问题的众多方法之一；从"物"的物质世界中探索存在的情况。

海德格尔对存在的诠释始于人类是什么这一简单事实。 27
对他而言，这是哲学的第一个问题。 他认为这一基本而又根本的问题常被大多数哲学家忽略或者遗忘。在这点上，海德格尔遵循源自埃德蒙德·胡塞尔的现象学。胡塞尔本人受到一些思想家的启发，包括黑格尔和叔本华，而始创这一思想流派。现象学始于人类存在这一本真性事实，在任何人提出疑问之前世界早已存在。现象学也指出当今社会中，人们与实存之间的直觉接触已经变得非常困难，人们应该设法重新建立这种联系，这具有重要的哲学价值。对海德格尔来说，存在主要是现象学的而不是富涵理智的：他认为存在主要是脑力劳动之前的阶段，对存在的思考则是之后的行为活动。吕迪格尔·萨弗兰斯基(Rüdiger Safranski)在其撰写的海德格尔人物传记中响应了此观点，他研究了物体下落过程中的自由落体定律(1998，115)；从而进一步说明在思考生命之前，个体业已存在。根据哲学家的观点，在我们开始思考之前，开始努力思考我们自身实存之前，我们每一个人就已经存在了。

该观点表达了一个激进的立场，因为它向世界上普遍接受的哲学理念提出了挑战，这些哲学理念至少是在盎格鲁 - 美利坚哲学家中间被普遍接受的。简单而言，可以说亚里士多德后的这些哲学家，或多或少是本着"物质至上"的观点来认知世界的（Frede 1993, 45）。在思考与世界脱钩的体系中，观察者采用唯智力论点 [1]（Intellectual Detachment）来将周围的世界分门别类。海德格尔对分离的思考理念颇感不安，于他而言这意味着哲学动力与存在的日常直觉性相行甚远。对他而言，通过沉浸于熟悉的日常用语、优先权和世界的物中作为起始点，是开始设法理解世界的唯一可行之道。海德格尔的独到之处在于，他认为针对存在的哲学追求必然要从存在的条件入手。他建立自己的存在理念，而该理念与其可供选择的事物和虚无息息相关。如果存在是哲学上的第一个问题，那么从根本上它是由其对立面——不存在的可能性——获得强调。他参照人类的在场与缺席，生命和死亡。对海德格尔来说，哲学起始于那引人注目却又往往被忽略的事实——人类的生命存在。

通过连接在场与缺席的这些理念，海德格尔在《物》中展开了关于假想器皿的研究。哲学家认为器皿的用途包括对其中空部分的使用：尽管器皿是可识别的物质实体，但器皿是中空的——有了器皿中空的虚无——才有"物"的作用。此处，哲学家看起来是参考了《道德经》第 11 节："糅合陶土制成器皿 /

---

① "Intellectual Detachment"是一种无神论的表述，即流行于英美科学界的纯粹唯物观。持此观点的学者认为智力需要与其他类型的情感完全分开，进而将智力和知识仅仅作为纯粹的收集并处理信息的一种手段。这一思想与启蒙时代后兴起的博物学、自然学、与收藏学等息息相关。——译者注

'空'赋予了器皿真正的用途"（Tse 1989，31）。海德格尔论证了对器皿的理解可以作为更正统的哲学，以反对他所认为的对科学之常规理解。他认为从科学角度来说器皿永远不可能是空的，它可以装有液体、空气，也可以装别的，比如葡萄酒。但海德格尔质疑该模型是否与人们生活中使用器皿的方式相一致。人们是像这样从根本上理解器皿装满与倒空的吗？他认为重要的是科学没有办法来考虑空无。科学无法衡量"空"——无论是关于什么使器皿有用途还是作为存在的所有相关对立面——他证实用科学方法描述人类体验是远远做不到的。

当海德格尔在其《物》中写作有关假想器皿时说道，"正如上述所讨论的——如此看来——该器皿从来不是一个'物体'而是作为一个'物'"，他也预先声明"如此看上去"试图强调任何一种对器皿的考虑都应该属于存在范畴。世界和器皿，应该首先通过在我们这些个体眼中，通过我们自身体验，它们看上去如何来理解；而不是根据抽象性的归类。器皿是真实的且有直觉性。个体可以切实抓住它，拿起它，凭借其真实特点及触摸感去用心体会。只有把思考者的实际在场和器皿的在场结合在一起之后，方能正确地开始对"物"的思考。尽管这看上去似乎特别挑剔细微末节，但是这使得海德格尔的哲学体系和在建筑方面的思考具有更加广泛的含意。 29

"物"和"物体"

当海德格尔认为器皿应该被理解为"一个'物'而不是一个'物体'"时，他对于"物"的概念就更倾向于某物而非一个物体。在盎格鲁－美利坚哲学体系中，个体更多是被看作独立观察者，但是海德格尔认为在其哲学中流行的关于"物体"的理念可以被另一种观点替代。独立观察者的思考渴望上升到更高的层面，进而与实存的日常杂乱状况不同；而形式、单纯的观念、每一个初始模型或者原型等则在实存中由心智来定义。能感知的"物"，一般的"物"，都是从这些形式中剥离出来的，而不是复制品。例如，一棵树可作为一个单纯的观点存在于更高层面上，也可以以日常生活中真正树木再现。每个"物体"的单纯形式都可被认为与美的单独形式相关。它们是至高无上的，也可以说被视为永恒的、真实的及权威的。

对海德格尔来说，把"物"设想为"物体"会再次降低存在的重要性。去试图区分日常生活中的"物"和一些概念上的、形而上的"物体"形式，其实是在直接性体验中设定了一种毫无益处的分歧。于他而言，"物"主要是通过参与日常人类生活而体会到的。在《物》一文中，海德格尔提出，就如一名制陶工人制成的器皿，那是拥有可以用作盛装液体这一特殊用途的自立式物。他承认器皿有其外观呈现——即柏拉图式的"文化表相"或"理念"，他将其解释为"引人注目的部分"——但这取决于器皿是如何制成的以及当人们思考时对它的认知两个方面（1971，168）。然而，海德格尔认为，器皿作为"物"之所以与众不同，主要是因为人们与它之间具有物质及智力方面的联系。他在《物》中提到："那就是为什么柏拉图是根据外在表相去设想存在事物的存在，却无法比亚里士多德和其他后继思想家们更多地理解'物'的自然属性"（1971，168）。对海德格尔而言，纯洁、美丽和视觉理念的永恒是次要的，与日常实际用途相距甚远。对他而言，**日常生活的实用性首先使人们建立联系——在物质与智力上——与日常生活用品建立起直接的联系。**

海德格尔发现"物体"的概念是欠缺的：过于抽象、过于自负、与日常体验过于脱节。相比之下，对他来说，"物"是通过使用来获得特性的：它可以用来容纳什么，它又是如何把人类与周围世界联系起来的。"物"不是一个抽象范畴,而是人类的一部分,在人们努力思考之前它早已存在。

"四重":实存的先决条件

海德格尔使"物"的概念与"物体"的概念处于相对关系,推崇体验有效性凌驾于科学狭隘性之上,他在《物》中的论点,对于外行人来说已经与众不同,接下来却可以称为更令人好奇的转折。他设法提出,在人类体验"物"的过程中,实存的基本条件,并将之命名为"四重"。这些条件在《筑·居·思》中作为人们体验建筑物的条件得以重新讨论。有关器皿的特殊例子在他的论述中仍然具有重要地位。

回到中空的器皿,海德格尔认为,处于空置状态的器皿表明了其倾倒的能力,是其特性的决定性因素。尽管在多数情况下这样的"倒出物"仅简单地供人们饮用,但哲学家对器皿内神圣且潜在的"倾倒出的赠礼"(das Geschenk,字面意思为礼物)尤为感兴趣。通常情况下,一个器皿可以容纳水和酒,但也可以容纳为献祭而用的内容。他将这一特殊的倾倒做了比喻:将器皿中空的虚无,比作可以提供看起来具有神秘源头的天然泉水。他那位于托特瑙堡山林的小屋书房 ³¹ 外就有一眼甘泉,此处的思考或许与这眼泉水有关,并在此向赋予生命的水源表达了充分的敬意(Shar 2006, 73)。他认为器皿就像上述水源,维系着:

> "Erde"(土壤)与"Himmel"(天空,德语中也意为"天堂")的密切结合……葡萄酒的酿造是来自于葡萄树的果实,该果实是由土壤中的养分与天空中的阳光共同孕育出来。(1971:180)

对海德格尔来说，陶土制成的器皿，与人类对天地的体验关系至关重要。他通过两方面发展了这种关系，一是通过分析他的"倾倒出的赠礼"概念，二是通过考虑到支持德语词根"GuB"的词源学含义。"GuB"与英语单词"涌出"相似，但德语相对英语来说带有更多含义："aus einem GuB"的表达是指系统地阐述一个统一的整体；"das GieBen"是一个铸造物；"GuB-beton"是现浇混凝土，而"GuB-eisen"是铸铁。该词的这些内涵在此处对理解海德格尔的观点而言至关重要，即器皿与其内装的饮品——通过"Geschenk"（礼物）一词的词源与天空的含义联系起来——被整合为一个统一的整体，一个微缩的天堂。当倾倒器皿时，对于哲学家而言，它所给予人们的便是一滴能够赋予生命的神秘之源。他认为这些神圣特质是器皿所能给予的。

海德格尔进一步发展了他的观点，即器皿或可产生神圣的共鸣。于他而言，器皿把天地统一起来，因为倾倒出的赠礼似乎象征着凡人的生命（"Sterblichen"，与"sterben"有关，终将死亡）与神灵（"Gottlichen"，即上帝，与"gottlich"有关，天神）。他认为："在倾倒出的赠礼中，凡人与众神灵以各自不同的方式栖居着。"（1971，173）海德格尔没有就这些术语中的任何一个给出定义，只是暗示了地、天、神和凡人通过共同的定义获取权威性。他认为这四者之间就像一种连体的"镜像游戏"（Spiegel-spiel），彼此间相互的必然映像确是实存的首要先决条件。海德格尔认为地、天、神和凡夫俗子共同组成了实存的首要环境，该环境可以被称之为"四重"（das Geviert）。

海德格尔认为：

32   如果倾倒出的赠礼是饮品，凡人则保持着他们自己的方式。如果倾倒出的赠礼是祭酒，神灵也会保持着自身方式……在倾倒出的赠礼中，凡人与神灵以不同的方式各自栖居。地与天栖居于倾倒出的赠礼中。于是在倾倒出地与天的赠礼中，凡人与神灵以不同的方式而各自栖居……基于他们原本的模样这一层面上，这四者属于彼此。综上所述，他们可被整合成一种单一的"四重"。（1971：173）

海德格尔写到"保持"与"栖居"。对他而言，地、天、神和其他凡夫俗子，为我们定位自己提供了永恒的机会。这四者总是共同存在于我们周围，并因此提供了一个单一的参考点。因为我们总是与他们保持一致，因此他们为我们领会自身品质与特点提供了机会。通过参照"四重"的构成要素，共性与差异性便会一目了然。对海德格尔来说，在这种情况下，个体可以领会他们在世界所处的位置，以及所处的环境。而对于哲学家而言，这种领会的行为，是感知家的方式，是对所处的周围环境的适应。在这种适应感中，"栖居"的意义才得以实现。该术语是海德格尔建筑论的核心，将在下面进一步讨论。

阿尔伯特·霍夫施塔特（Albert Hofstadter）通过以下的文字记述了海德格尔试图概述实存的动意：

为了表述他必须说的，记录他所见，传达他所听，作者不得不谈到神灵、凡人、地球……这并不是知识、价值或者现实的抽象理论化；这是有关于存在的，关于不同"物"的不同存在的，以及关于在包含其所有差异性后这些"物"所体现出的内在特征的单一性的，最具体的思考与谈论……。（1971：xi）

霍夫施塔特认为，"四重"表明海德格尔在试图记录人类实存在他眼中的样子。海德格尔以他自身参与世界的方式为基础，尝试把他周围的"物"进行归类。该"四重"被作为他所判断出的，对于实存而言最为首要的环境而提出，因为那是不必经过任何同意的，当人人被抛入这个世界时所不可避免的先决条件（1962，164-168）。这些是海德格尔为概括人类生存状况而作出的最好推测。以此为依托，他一人独自前行，凭借一腔热血去辨别，从提出实存到了解实存的意义，终有所获。也有一些人认为"四重"展示了海德格尔作为一名现象学记录者的无比胆魄。

海德格尔的"四重"也得益于他对一些理论资源的兴趣性研究，包括神秘主义神学家迈斯特·爱克哈特、前面已提到的东方哲学家老子，及诗人弗里德里希·荷尔德林。然而，"四重"的观点，与互相之间进行理性讨论的思想家们之辩证模型并不契合。它具有神秘主义与神话色彩，与逻辑思维之严谨性相距甚远。这或许标志着海德格尔的思考，从传统哲学理念到自由自在地写作关于自身存在的亲身经历，向外飘飞至最远距离的那一时刻。**在他心爱的黑森林山中，远离世间纷扰，自然环境犹如一幅优美画卷，成为思想家思考的源泉。**

乔治·斯泰纳（George Steiner）认为"四重"是一种"个人言语方式"的表现形式；由一种个人语言引申出普遍概念（1992，9）。但是，海德格尔或许不会认同这一观点。如果通过参照地、天、神和凡人的体验来设想我们周围的世界，这看起来与当代西方观念模式是相脱节的，但哲学家本人会认为与世界相脱节的是技术统治一切的观念而不是他的观念。在海德格尔看来，通过科学教育与社会制度架构而被普遍认可的真理只是我们了解世界的一个视点。他认为该视点具有缺陷性并且具有互相排斥性。有人根据地、天、神和凡人来考虑我们的周围环境，也有人通过科学进步、人为控制，或者所谓的理性逻辑来考虑我们的周围环境，但为什么前者一定比后者显得更加奇怪呢？在根据"四重"评判他有关假想器皿的物性论证之前，海德格尔推崇的是一种坦然的神秘主义世界观。

聚集

在海德格尔看来，器皿之所以主要是一种"物"，是因为它能够"聚集"（"*Versammeln*"，具有"聚"和"集"的内涵）。哲学家再次寻求词源的权威性帮助，来思考"物"这个单词的含义（其英文意思来源于相同的词根，即德语中的'*Ding*'）。海德格尔详细挖掘了希腊语、拉丁语、英语、古高地德语及哲学惯用法中对"物"这一单词的历史含义和解释，他发现了单词"物"的最重要词根，而该词根与单词"聚集"的一个词根属于共享词根："……在单词'*物*'的古老用法中包含该词根语义上的解释，即'聚集'的确是讲关于器皿的自然属性……（他的重点所在）"（1971，177）。他认为这一词源学上的联系为物性构成研究提供了证据。对海德格尔而言，语言记载表明一个"物"将其周遭聚集起来并加以反映。"物"通过实存及其用途所聚集起来的就是"四重"："即某物所表现出的存在，例如，只有从'物之物化'①角度，器皿自身才能够起到作用，才能特别显示并证明自身的作用。"（1971，177）也就是说，器皿与其相应的中空部分具有容纳和体现实存的"四重"先决条件的潜能，并具有把"四重"如实反映到和器皿有密切关系者身上的可能性。对海德格尔来说，器皿这一特定例子堪称论证世间万物之作用的较为广义之范例。

---

① "物之物化"，意指"物"能够成为"物"的过程。

在《筑·居·思》中，他认为建筑物具有与上述相同的潜在属性。

存在近乎物

在已经探讨了与他自己论点相关的几个方面后，海德格尔尝试着把这些方面归结到一起，并提问到：

> 什么是亲密性？为了探讨亲密性的自然属性，我们近水楼台先考虑器皿。我们已经探究过亲密性的自然属性并发现了器皿作为一个"物"的自然属性。但是在这一探索过程中，我们也看到了亲密性的自然属性。"物"自为"物"。在其"物化"过程中，它保有着地与天，神与凡人。通过这种保有，"物"使处于彼此远离状态的"四重"相互靠近……亲密性带来亲近——彼此互相亲近——尽管遥远（die Ferne）……尽管亲密性好像一个容器，但"物"并不存在"于"亲密性"中"，而是"在"接近"中"。亲密性所起作用是能够带来亲近，正如"物之物化"。（1971：177-178）

该段落是海德格尔论点的核心所在。这是他观点中最吸引人、最深刻和最与众不同的地方。这也是他最具有海德格尔特色的地方：在晦涩的阅读过程中能够引起读者最强烈反应之处。海德格尔此处的观点是指，亲密性是人类体验至关重要的方面。对亲密性的体验，或许可以通过对物的触觉感知、认知以及在社会学层面上的熟悉得以领会。"物"深嵌于实存当中，与日常生活体验的繁杂纷乱缠绕在一起。尽管它或许可以通过数学运算来衡量，但主要还是通过对其用途的体验和对该体验的内在认知去理解它。这种理解方式将亲近的感觉带入我们的世界。而对海德格尔来说，亲密性更意味着一种人类与生活的"四重"条件之间关系的感知。

　　哲学家本人认为"物"是朴实无华的，但确是日常实存的重要提示因素。大多数时候，人们往往未经考虑它们便去使用它们。但是如果在少数情况下人们考虑了，那么他们或许可以发现一些联系，即个体与"物"之实存的原始存在之间的联系。而"物"则完全有潜力去体现上述联系，无论是通过镜像它们的使用者，还是通过确定它们在地、天、神及凡人的反映中的方位。**因此亲近感变成了一种即时性功能：有人与他所即时发现的如此接近，然而或许仍相距甚远；而有人也可与他未能即时找到的相隔很远，但实际上或许已经非常接近。**在海德格尔看来，"物"的明确的特点恰恰在于可使人们更加接近于他们自己，并帮助他们参与体验自身的实存与"四重"的可能性。

　　带着过去五年中在德国的艰难经历——诸如常年挨饿、停职和住房危机等等，海德格尔于 1950 年著述了《物》一文。在此背景下，他关于"物"和"物体"的讨论或许是引人注目的。在他复职之后的第一次公开演讲中，至少从表面判断，哲学家并没有明确地提出任何涉及同代人当时最为关注的事宜。相反，他探索了他所考虑的首要联系，即人类和他所判断为实存最基本要素之间的首要联系。

36

筑·居·思

　　海德格尔以会议论文的方式首次发表了《筑·居·思》，其德语题为"Bauen Wohnen Denken"。文章在会议论文集中出版，并于 1954 年再版于《演讲与论文集》（*Vortrage und Aufsatze*）。哲学家在标题中避免使用逗号以强调他所理解的"筑造"、"栖居"和"思考"三个概念之间的整体性。

这一题为"人与空间"（德语名为"Mensch und Raum"）的会议于 1951 年 8 月 4 日至 6 日在达姆施塔特举行，与会者多为建筑师、工程师和哲学家（[n.a]，1991）。关于海德格尔文章的自由讨论在报告后由奥托·巴特宁（Otto Bartning）主持，巴特宁是包豪斯搬迁至德绍之后的魏玛建筑学院院长，其建成作品包括柏林西门子住宅区。其他与会的建筑师包括：保罗·博纳茨（Paul Bonatz）——德国纳粹时代之前斯图加特车站设计者，并在早期影响了沃尔特·格罗皮乌斯（Walter Gropius）；里夏德·里默施密德（Richard Riemerschmid）——他是新艺术运动主要成员之一；汉斯·夏隆——他在职业生涯后期设计了柏林爱乐音乐厅和西德国家图书馆。其他著名与会代表包括：社会学家阿尔弗雷德·韦伯、哲学家汉斯-格奥尔格·伽达默尔（Hans-Georg Gadamer）和何塞·奥尔特加-加塞特（José Ortega y Gasset）。

海德格尔的这篇文章，延伸探讨了一系列在《物》中已探讨过的主题。他认为筑造与栖居互相紧密依附在一起。在他看来，这些行为活动之所以能够联系在一起，是通过人们对"场所"之"物"的介入，以及其认知场所的尝试。《筑·居·思》主要由两个问题构成："去栖居意味着什么？"和"筑造如何归属于栖居？"（1971，347）。海德格尔认为"居"是介于个体与世界之间的一处宁静住所，正如他所重申的，通过实存的"四重"条件与"筑"构成一个整体。哲学家用特殊实例论证了他的观点，一座桥和一所 18 世纪的农舍。于他而言，这所农舍概况总结了"筑"与"居"是如何支持场所形成与适应性。与《物》相像，《筑·居·思》的特点是：词源挖掘、反问、与众不同的紧凑性以及自圆其说的论述。

"建筑"一词的不足

海德格尔认为建筑师和历史学家更倾向于在判定建筑时优先考虑美学，而不是那些自己制造并居住于场所内的人们。但对他来说，这是值得关注的。他认为"建筑"这个单词本身就是问题的一部分，因此他反倒更愿意去讨论"筑"与"居"。海德格尔写道：

> ……对"筑"的思考并不意味着去发现建筑理念，更不用说去设定"筑"的规则。（1971：145）

将那些为构思想象与管理建造而制定的独裁式规则和建筑挂钩——对于这种建筑学理念（包括原则、指引、政策），海德格尔表示质疑。他认为这仅是由一群专家为另外一批专家的使用而制定的东西。他认为：

> ……凭借建筑学或工程结构学，房屋的建立不能被充分理解，而若仅仅将这两者结合起来，那也是不够的。（1971：159）

因此，海德格尔在《筑·居·思》中所提到的"建筑"一词几乎是贬义的。

"建筑"一词饱含着对一个古老传统的记忆，即什么可以被看作建筑，而什么不可以被看作建筑的一种态度。这让人 38 回想起历史学家尼古劳斯·佩夫斯纳（Nikolaus Pevsner），他满不在乎地认为自行车棚只不过是一个小房，却称赞林肯大教堂才是真正的建筑（1963）。像佩夫斯纳一样，许多建筑师和历史学家遵循哲学上对美学的感知，认为建筑就是艺术。他们从古典柱式到勒·柯布西耶（Le Corbusier）的《模度》，探讨过建筑美学的优缺点及发展体系，以追求完美的建筑形式（1954）。但这些在很大程度上都是对视觉方面的关注，而18世纪的思潮可以看作是其近期的主要推手（Vesely 1985，21-38）。尤其是在海德格尔著述的那段时间，许多建筑书籍——以及建筑历史学家的习惯——都会倾向于强调将建筑物作为装饰性或纯粹性艺术进行视觉上的鉴赏（Arnold 2002，83-126）。海德格尔认为对建筑这样的理解是不足的。于他而言，这贬低了人类居住这一首要方面的价值。用词语"筑"和"居"代替"建筑"一词，使海德格尔能够强调居住与体验而不是美学优先。

筑造与栖居

海德格尔在《筑·居·思》的开篇抛出了第一个问题："去'栖居'意味着什么？"（1971，145）。通过与想象中的往昔居住相比较，他对当代特定的生活方式提出了质疑：

> 桥梁和飞机库，体育场馆和发电站都是建筑物但不是居所；火车站和高速公路，大坝和市场建成后也不是居住场所。即便如此，这些建筑物属于我们居住领域范围之内。该领域范围可以延续到这些建筑物中，然而，并不仅限于居住场所。卡车司机以高速公路为家，但那儿并没有他的居所；职业女性以纺织厂为家[!]，但是那儿并不是她们的寓所；总工程师以发电站为家，但他并不居住在那里。这些建筑物可以容纳人们。人们可以待在里面但不能在里面居住。当前住房短缺，即便是如此，住所应该令人安心并感觉舒适；居住建筑的确为人们提供居所；当今的住房得以精心规划、易于照管、物美价廉、空气流通、光照良好，但是，这样的住房本身能够保证发生于内的就是"栖居"吗？（1971：145-146）

该段落与海德格尔在《物》中对亲密性的论述相呼应。于他而言，一个人可以日常地使用建筑物，却没有对此有宾至如归或者很亲近的感觉。哲学家慎重措辞，用批判性的语言，概述此类居住活动具有缺陷且突出强调技术高于一切。他认为诸如"精心计划"、"易于照管"及"物美价廉"此类的理念是对居住的错误解读。他注意到一些术语，像"适于作住宅的"、"住宅"，突出强调生产体系而不是人类栖居的优先性。海德格尔认为这种当代语言提供了一种具有启示作用的注解：表明该系统化的建造工业是通过距离遥远的专业人士，为市场上的未知消费者生产建筑物。海德格尔对建筑物作为消费产品这一理念提出了质疑："建筑物不仅仅是实现栖居的一种手段和方法，去'筑造'本身已经是一种'栖居'。"（1971，146）于是，"筑造"与"栖居"之间的当代关系促使海德格尔将过去与现在进行了一次并不适宜的比较。

通过探究"筑造"与"栖居"的词源，海德格尔发现了二者之间的一种更为令人满意的联系。他认为在古老德语中二者共享同一词根（英语中的"筑造"和"栖居"也是来自于同一德语词根）。这一共同的起源对他来说并非巧合。这表明"筑造"和"栖居"之前被理解为同一个词，同一种行为活动（海德格尔的重点所在）：

"*bauen*"最初意为居住。在"*bauen*"仍然以其最初
含义使用的地方，该词也表明栖居的本质能够到达什么程度。其实"*bauen*"、"*buan*"、"*bhu*"、"*beo*"可以看作单词"*bin*"的不同语态变体："*ich bin*"本意为"我是"（第一人称：I am），"*du bist*"本意为"你是"（第二人称：you are），"*bis*"本意为"是"（即祈使语气中 be）。那么"*ich bin*"还能表示什么意思呢？古老的单词"*bauen*"又如何与"*bin*"的

变体相对应呢？答案是："*ich bin*"、"*du bist*" 还分可以意为"我居住"（I dwell）、"你居住"（you dwell）。不管"你是"（You are）、"我是"（I am），还是"我们人类在地球上是"（*are*），其具体方式都归于"*bauen*"，即居住（dwelling）……古老单词"bauen"意味着人在一定程度内的"栖居"，然而，该单词"bauen"也同时意味着珍爱与保卫、保护与喜欢，尤其特指耕种土地、栽培葡萄树。（1971：147）

  海德格尔认为在"筑造"的两种模式之间有着明确的区别："筑造"是建造，类似于传统定义；"筑造"是培育。德语中，"*bauen*"是"筑造"的动词形式，"*der Bauer*"是"农民"的名词形式。根据该词源研究，哲学家把"筑造"和将一粒种子养育为植物等同起来。再者，海德格尔发现"筑造"与"栖居"的行为活动作为一个整体时，便会成为语言的中心：以"我是"的形式出现，即"*ich bin*"，这意味着"筑造"和"栖居"曾经是任何存在能得以确认的核心内容。这一词源学上的发现表明，无论何时我们提到"我是"、"你是"、"我们是"，我们通过人类实存在重申"筑造"和"栖居"作为一个整体被认知的重要性。于他而言，**"筑造"和"栖居"，也意为建造和培育，从语言上对确认人类实存是至关重要的。**

  在探索"*bauen*"的词源之后，海德格尔开始探索与之相关的"*wohnen*"一词的词源，即栖居（dwelling）（海德格尔的重点所在）：

    古老撒克逊语为"*wuon*"，哥特语为"*wunian*"，与古老的单词"*bauen*"相像，意为持留、逗留在一场所中。但哥特语种比较明显的意思为这种持留如何被体验。"*Wunian*"意为处于平和状态、带来平和、保持平和。平和一词，即"*Friede*"，意为自由，即"*das Frye*"；而"*Fry*"意指防止伤

41

害和危险，防止某事物的侵害，得到安全庇护。实际上，"得到自由"意指"宽赦饶恕"（spare）……。（1971：148-149）

此处海德格尔进一步发展了其在《物》一文中展开的，关于"栖居"作为人类与其周围环境的一种调和的讨论。语言上的研究表明，"栖居"以某种方式与存在作为一个整体和世界发生密切关系：平和的、心满意足的、自由的。这与包含了栽培和养育的筑造模式相关联。他感觉到其实"筑造"与"栖居"在其字面与行为活动层面上的意义均已经丢失。

两个例子或许可以用来解释海德格尔将"筑造"与"栖居"结合在一起的理念。第一个例子是餐桌。和传统意义上的"筑造"与"栖居"相一致，一张普通的餐桌通常被认为和"栖居"有一些联系，和"筑造"却没有多少联系。某些特殊的餐桌或许可被理解为筑造物或者建筑，比如那些在古典式别墅的餐厅里或者历史学院的大厅中所不可缺少的大桌子，但是家用餐桌几乎很少被包含在内。这里似乎需要请教一个问题，即一张餐桌在何时能，何时又不能，被看作建筑或筑造物。然而，对海德格尔而言，任何这样的问题都是不相干的。"筑造"与"栖居"应该总是和任何餐桌有关联，包括从富丽堂皇大厅中的特殊餐桌到一般家庭的家用餐桌，因为餐桌是日常生活中必不可少的参与者。

按照海德格尔的观点，餐桌的使用是"栖居"的一部分。人们和它的互动构成了"筑造"与"栖居"。在房间内搬动餐桌是一种筑造，可以被认为是根据使用者需要而作出的改变。同样地，对用餐场所的布置也是一种筑造，该"筑造"是根据预先考虑人们如何用餐而进行组织（Unwin 1997，79）。以这种方式，"栖居"（或者人类与餐桌的互动）依赖于"筑造"（或者餐桌的布置，包括如何安放及如何组织其功能使用）。同样地，"筑造"依赖于"栖居"（餐桌的摆放是根据人们如何使用它）。根据海德格尔此处的观点，在日常用餐这一微观组织中，栽培性的"筑造"与"栖居"之间具有不可分割的密切关系。

第二个例子是一处房屋，有一个假想的新生儿家庭居住于内。由于新生儿需要持续不断的照顾，所以家长将会在头几周与新生儿共处一室。新生儿可能睡在身边的婴儿床里以便方便照顾。但是随着孩子逐渐长大，家长会对与孩子共享最亲密的空间感到越来越不自在，至少西方文化如此，孩子需要自己的空间。这就是"栖居"所需要考虑的问题。如果可以为孩子重新布置出空间来，这个问题便容易解决。如果不能，那么一个明显的解决办法是扩建。该议题成为"筑造"所需考虑的问题。按照海德格尔的观点，"栖居"要求"筑造"，"筑造"也会响应"栖居"的要求。对哲学家而言，这是和餐桌的布置与重新布置一样的行为活动，只不过规模更大。

然而，在当代的西方社会，房屋扩建是复杂的。住户需要在由专业人士设立的有组织的框架下工作。他们必须与承建商、规划师、建筑管理人员一起共事；或许还包括借贷方、测绘员、建筑师、工程师及施工技术人员。法定许可是必需的。建筑师可能会介入。她或他或许对其他咨询工作给出建议。接着签订合同。建造过程中所出现的出乎意料的、不可避免的问题必须得到协商，并需要按照合同条款支付。专业人员会讲一些不熟悉的专业词汇。海德格尔认为，在"筑造"与"栖居"曾经产生直接联系的地方，它们之间的关系因专业人员优先而被扭曲变形。对哲学家来说，专业人员作为特权阶级协力促成了"筑造"与"栖居"的分离。

海德格尔的"筑造"与"栖居"从时间上来看是同时发生的。通过文字描述的行为活动不应是专业人士独享的事物，更应该是普通人的一种生活方式。个体与其周围世界在不同的尺度上应是一种动态的联系，随着时间经年累月变化而发生相应的变化。它不应是一个由专家管控的商业生产过程的短期成果。说到描述战后西德住房短缺的词组"栖居的困境"，海德格尔认为，**当前世界所面临的最重要困境是"筑造"与"栖居"之间的分裂，而非对大量住房建设的需求**。在技术社会中专家优先的背景下，他认为这一困境的存在促使我们持续努力地重新思考"筑造"与"栖居"。

43

"筑造"、"栖居"与"四重"

对海德格尔来说，"筑造"与"栖居"是和"四重"互相交织在一起的，如他在《物》中已经写到的：

> 一旦我们认为人类存在于"栖居"中，"栖居"的根本特征……便能在我们面前展现出来，事实上，凡人意义上的"栖居"存在于地球上。但是"在地球上"早就意指"在天空下"。这二者也意为"神前的持留"，并包含着一种"共同归属于人类的存在"。基于原始的统一性，四者，即地与天、神与人，归于一体。（1971：149）

鉴于上文已经讨论过，因此在此处"四重"看上去就不再那么陌生了。

海德格尔喜欢德语单词"*Erde*"，即陆地（earth）的含义，描述了土壤和行星。它使人立刻将地面所带来的直接感受不仅联系到行星的概念，也联系到一直延伸到地平线的开阔地势。它也意指位于地球上的一处特殊场所，意指尘土，也包括凡人死后化成的尘土。海德格尔将"地球"、土壤和行星放在一起来描述，共同组成"服务载体"（1971，149）。对他来说，这是实存在字面上和隐喻上的基础。例如陆地和地面这些词语，其含义包含着多种可能性。没有地球便没有人可以生存。存活需要地球的产物：植物与动物；也涉及筑造材料，包括泥土、木材、钢、铁、铝、沙、石灰，甚至油基塑料。遵循重力施加的条件，生命成长，维持生活，发生改变，并适应地球坚实的基础。对海德格尔来说，地球把人类放在其环境中。反过来，人类应与地球保持一体化。哲学家反对将地球当作一件商品来开发利用的观念。针对当今占得先机的可持续性运动，他主张地球应该得到尊重，而不是被肆意掠夺与征服。

于海德格尔而言，在地球上也意味着与天空一体化。他认为陆地与天空作为永久存在的同伴保持着密切联系。"天空"一词也蕴含着丰富的可能性。海德格尔对天空的论述是参照天气所带来的实际情况。然而，德语单词"Himmel"也意指天堂，他意识到了这一双重含义。海德格尔认为天空包裹着人类的存在。日夜、变换的季节、风、雨、雪与太阳，决定着人们如何生存并与之永远相伴。风、雨、雪与太阳的变化无常决定了对居所的这一基本需要。海德格尔坚称季节与恶劣天气应该被有风度地接受。于他而言，我们一直与刺骨的寒风、寒冷的冰雪、阴湿的雨水及炎炎烈日共存；我们对这些自然力量的缺乏控制表明这是我们力所不能及的事情。

"神"，是海德格尔所考虑的"四重"中的第三个要素，对西方的世俗观念来说仍然是最具有争议性的。天如穹庐似有界，却恰恰暗示着其边界之外的未知。汉斯-格奥尔格·伽达默尔认为，对海德格尔来说，人们或许仍然"呼唤消失不见的众神"；在这里"呼唤"众神和使用"众神"这个词语，可以召唤一种该词所提及的缺失（1994，167-195）。通过这种提及，伽达默尔称，对海德格尔而言人类仍然可以"在很大程度上接近神"。这一联系在德语中体现得更为直接。在德语中"*Gott*"来自"*Gottlichen*"，正如英语中"上帝"（God）一词来自"众神"（gods）一词。此外形容词"*gottlich*"也存在，与英语中的"神圣的"（Divine）相像。这些词汇都具有宗教联系并意指着美丽与优雅。因此海德格尔的"*Gottlichen*"同时指"众神"（gods）和"神圣"（the divine）。有人认为海德格尔关于神的谈论既不允许也不驳回任何忏悔的观点（Steiner 1992，155）。他那神圣的"召唤使者"支持一种非理性的，关于生命的神秘主义维度（1971，150）。于他而言，大自然的力量，具有神秘且震撼人心的灵感，使人们愿意期待神的到来。

"凡人"是海德格尔"四重"的第四个构成要素。德语单词"*Sterblichen*"来自于"*sterblich*"，意为"终有一死"（mortal），和"*sterben*"，即"将死"（to die）。海德格尔特意根据凡人而不是人类（humans）或者生物（beings）写作，以强调他的观点，即生命总有其对立面——虚无，并始终包括"存在走向死亡"（Being-toward-Death）（Steiner 1992，104-105）。海德格尔认为，时间和死亡不是麻烦事，相反，它们应该得到尊重与庆祝。

于海德格尔而言，"四重"容纳了凡人。而地、天和神塑造了日常生活。在死亡的阴影中，它们为庆祝实存提供了可能性，也照顾到关于消逝的仪式与庆典。海德格尔坚称终究不免一死的条件是要谦虚地去"拯救"地球。而拯救，对他而言，意指获得自由。凡人应该"接受"天空，"期待"众神并"开启"他们自身的存在（1971，150）。这些动词形式，即"拯救"、"接受"、"期待"及"开启"，描述了个体应如何应对"四重"中的每一个组成要素。海德格尔判定这种方式的栖居包含一种真正的秩序感，即反对人类控制的触手不断更广泛地延伸至世界的这一挑战。这就是他对自己的第一个问题——"栖居意味着什么？"的答复。

另外，哲学家提到了思考的虔诚（Heidegger，1976）。他使用的"虔诚"一词，并不代表如今常见的一种解释——即自以为是的自我约束，而是有关平静——即允许并启励那些早已存在之物。就像一个好的面试官或者研讨会导师能够发起对话，接着鼓励继续进行，因此所有人带着海德格尔的虔诚，可以离开房间，聆听和协助周围的世界。海德格尔在"四重"中关于"筑造"与"栖居"之间关系的讨论并没有过多地涉及思考和栖居的虔诚。他所提倡的拯救、接受、期待及开启的特性，与人类意志（human will）相关较少，相反更多的是在关注"希望不去希望"（will-not-to-will）。

46 桥

　　已经将"栖居"与"四重"联系起来，接下来海德格尔转向《筑·居·思》的第二个辩论性问题："'筑造'以何种方式归属于'栖居'？"他阐释了他的主张，即"筑造"和"栖居"之前被理解为同一个词，同一种行为活动，和世界上人类实存之间有着至关重要的联系。**一栋建筑物不应该被理解为一个倍受称赞的物体或者建造管理过程的产品。相反，它是"筑造"与"栖居"的一种动态的人类体验之主要部分。**他通过用"建成物"来形容建筑物来强化了这一观点。

　　正如我们已经考虑过的，在海德格尔的词汇中，"物"一词用来形容专注于体验和使用的生活用品，而不是仅仅根据一个抽象的体系被远观。如果将它作为"物体"的另一替代概念，他发现这是有问题的。于他而言，一栋建筑物和一张桌子并不是不同的"物体"：二者都是"物"，具有相似性，这是因为他们把人与日常生活的"四重"联系起来，帮助人们定位自身在世界的位置。对他来说，一座建成物，与任何"物"

很相像，应该通过可触知和可想象的体验去理解，而不是作为一个独立的"物体"去理解。

海德格尔举了一个例子：一座假想的桥梁。他研究了这座充当"物"的桥梁如何聚集并放置"四重"。他对例子的选择包含着含蓄的建议，即"一座建筑物"可以是"筑造"行为的多样化成果中的任何一个：不仅仅指住房或者学校或者办公楼，也可以是从家具到城市的不同尺度下，"筑造"与"栖居"中人类互动的任何一种。海德格尔对桥梁的选择也使他得以探究该词的词源"*Brucke*"，即桥（bridge），意思为"筑造桥"与"弥合"。海德格尔的关于假想桥的论述是非常重要的，整段引用如下：

> 桥"自在而强有力"地飞架于河流之上。它不只是把早已存在的河岸连接起来。只有当桥横跨于河流之上时，河岸才能称之为河岸。这座桥很明显地使河岸处于彼此相望状态。他们分列桥的两端互相衬托。若作为无关紧要的陆地之边界地带，那么河岸也不会沿着河流延伸。与河岸一起，桥使河流两边陆地形成了更大范围的风景（*Uferlandschaft* 意指岸边风景；具有风景如画和技术的双重含义）开阔地。这使得河流、河岸与陆地彼此为邻。桥聚集了大地并使之成为河流周围的风景。因此它指引并陪伴着河流经由河谷，静卧于河床之上，桥墩支撑着飞拱，飞拱使得河水流过。河水安静快乐地蜿蜒流通，遇上暴风雨或者冰雪融化期，冲天的洪水在经过桥墩时可能拍起巨大的浪花，这意味着桥早已准备好迎接各种天气及其变幻莫测。即使在桥所处的位置，桥遮盖住（*uberdeckt*，"屋顶在上"）河流，通过将水流片刻纳入到其拱洞下面从而控制了河水的冲天流速，然后河水再次获得自由。

桥任由河水流过，同时也为终将死亡者提供了道路，因此人们可以往来于两岸之间。桥以多种方式……保驾护航（geleiten："陪伴"或者"护送／护航"）。永远不同的是，桥为慵慵懒懒和匆匆忙忙的人们之来来往往保驾护航，因此人们可以到达对面河岸，而最终，作为终将死亡的凡人们到达彼岸。桥飞架于峡谷和河流之上，或是以高高的拱洞，或是以低矮的拱洞，无论那些凡夫俗子是否能够记住该拱形结构的桥梁，他们自身总是行走在通往最后一座桥的道路上，事实上，是在力求战胜所有常见困难以及内心的脆弱，从而使自己能够来到强大的众神面前。作为一跨越性的 [uberschwingende Ubergang] 通道，桥在众神面前聚集——无论我们是否清楚地思考众神存在并明确地致以谢意，无论是神的存在受到遮挡还是被整个推到一边，桥还是神圣般桥梁的模样。（1971：152-153）

48　　尽管只是存在于隐喻之层面，海德格尔的假想桥主要是作为一个例子，一个可以作为世界一部分的真正建成实物。在描述过程中，他将论述和探究方法编织到一起，寻找每一个单词的共鸣点。为了支持所列举的例子，他提供了多层含义。正如器皿是海德格尔关于"物"的可能性之论点的一个合适例子，桥的例子也特别有助于讨论筑造物。其特点表明了与"四重"之间的特有关系。

对海德格尔来说，桥重新审视了河流在附近居民体验中的作用，即允许人们从桥上通过，从而推翻了水体所固有的，可以阻止人们随意占据的可能性。他强调了这一看似非常明显的观点：

桥是一个"物"，仅限于此。仅仅吗？以此它聚集了"四重"。（1971：153）

海德格尔认为，桥的存在，其自身存在，对人类直觉性体验的影响比其首次面世所带来的影响更加深远。在世界的技术统治论背景下，筑造一座桥并不是一件很了不起的事情：或许会涉及建造上的、后勤方面的与经济方面的困难，但是可以相对容易地解决。然而，于海德格尔而言，一座桥的"筑造"更多的是现象学上的意义，而不是综合的技术权宜之计。根据数学运算的距离，两岸之间相距不会太远。然而，从作为通道的实用性角度来看，两岸之间相距甚远。如果没有桥，人们不得不步行或者开车行进更远才能到达对岸。通过在某处容许人们横越水面，桥毋庸置疑地改变了人们的日常生活模式：个体可以更容易地到达工作地点，新的贸易联系得以推进，能够交到新朋友和追求所爱。这就是建成物体与建成物之间的差别：作为一个主要是视觉性的"物体"，桥是值得赞赏的；但是，作为海德格尔们的"物"，桥的重要性包括它的实体存在如何影响人们日常生活的决定因素。海德格尔上述抽象的措辞"仅仅吗？"表明他把该重要性归因于现象学的真实情况。

海德格尔仔细思考了个体与"四重"之间的关系。他认为假想桥允许人们审视并重新审视与地、天、神和凡人之间 49 的关系。按照海德格尔的思想观点，当桥建成时，它不只是改变了生活体验的可能性：它调解了人们与周围世界之间的关系。河流由从地球上获取的材料铺架，因此成为广袤大地的一分子，两边河岸亦是如此。桥容许人们站在地面之上、天空之上及桥下的中空部分。桥下之处容许人们站于地与地之间，桥面使人们与天空分隔，从而提供了居所。对海德格尔来说，重要的事是桥，和所有筑造物，改变了个体、地和天之间的关系。如果在建筑物建成之前，世界被想象成为具备海德格尔"四重"的地球，即陆地作为行星，作为延伸到地平线上的表面，那么在此虚构的时间内人类实存使人们和地与天之间具有明确的密切关系：人们站立于一方之上，另一方之下。在哲学家暗示性的故事中，为人们利益着想的筑造物通过重新设定地与天而改变了此种关系，从而提供了居所并将极端恶劣天气屏蔽在外。居所的主要功能是能够"栖居"。它使文明成为可能。在海德格尔看来，很多当代人类行为活动依赖于居所自身的力量，却通常忽略了居所可以激发人们努力的力量。

海德格尔也认为桥或许会对个体如何理解自身情况产生影响。他认为桥，作为海德格尔们的"物"，容许人们审视和重新审视他们与世界的关系。桥附近的人们，包括经常横穿或住在附近的人，很大程度上都会觉得他了解它。它让人感觉非常熟悉。通过这种熟悉感，桥为人们与其周围世界联系起来提供了机会。对海德格尔来说，桥"支撑了"个体。这句话既意指其字面意思又具有隐喻性。**于他而言，桥就像是一个景框。它展现了横穿者。也向横穿的人们展现了桥周围的世界。**因为桥的存在容许人们了解与之相关的周围世界，因此它具有与智力思维有关的重要性。

桥是一个特殊的场所，对海德格尔来说，或许甚至是一个神圣的场所，因为横穿桥能够促进思考推断能力，带着对众神的敬畏确定体验的位置。对海德格尔来说，人们日常横穿桥并不意味着对存在的思考是必需的。但是，作为能够审视人们及其所处环境的一个"物"，桥或许会偶尔地引发人们对存在的思考。它具有隐藏的潜能，提醒人们有关他们在世界上存在的根本力量。

德语及英语中的场所定义

为了研究场所的理念，海德格尔发展了关于桥的讨论。《筑·居·思》中关于场所的主要段落是受到英语译文的重大影响。在探讨海德格尔定义场所的方法之前，关于译文的一个简要说明是必需的。

在《筑·居·思》的德语版本中，海德格尔关于场所的决定性段落之一如下：

> Raum，Rum，heiBt freigemachter Platz für Siedlung und Lager. Ein Raum ist etwas Eingeräumtes，Freigegebenes，nämlich in eine Grenze，griechisch 'peras'. Die Grenze ist nicht das，wobei etwas …… sein Wesen beginnt …… Raum ist wesenhaft das Eingeräumte，in seine Grenze Eingelassne …… Demnach empfangen die Räume ihr Wesen aus Orten und nicht aus《dem》Raum.（1997：148）

用英文表达如下（他的相关术语在文中用斜体字表示）：

> "raum"，"rum"，意指明确的或者未被占用的用来居住和借宿的场所。空间（space）是为某人或事物形成的明确并且未被占用的空间（room），也就是说在一个界限以内，即希腊语中的"peras"一词。界限不是某人或事物停止之处，而是……某人或事物开始其呈现之处……。空间（space）本质上是已经形成的空间（room），被允许进入界限以内……*相应地，空（spaces）从其方位上接受了他们的存在，而不是从"空间"（space）*。（1971：154）

在《筑·居·思》的德语版本中，海德格尔写到"*Ort*"，"*Platz*"和"*Raum*"。英语中，"*Ort*"，"*Platz*"和"*Raum*"分别意为"方位"（location），"场所"（place）和"空间"（space）。这就造成了困难。与"*Ort*"最接近等同的英语单词是"场所"（place），而不是"方位"（location），因为"场所"（place）传达了相同根源和直觉性上的观念。然而，海德格尔仍然使用了德语单词"*Platz*",尽管该词与"场地"（site）或者"地区"（area）更为接近,但是最好翻译为"场所"（place）。因为它与英语单词共享同一词根,翻译者选择把"*Platz*"译为"场所"（place）是可以理解地,但是当他翻译"*Ort*"时便产生了问题。对"*Ort*"一词,他被迫用"方位"（location）来代替。哲学家此处的论点——下面我们将做详细再述——涉及空间（space）与场所（place）之间的区别。**"空"（spaces）获得权威之处是通过数学运算领会理解的而不是来自于"空间"（space）,但是"场所"是通过人类体验领会理解的**。句子的关键词是"*Orten*":即"场所"（places）。但是译文使这个问题更为复杂,因为常规上把"*Ort*"译为"方位",把"*Platz*"译为"场所"。尽管海德格尔对英语语言怀有敌意,但是在他讨论场所时,英语看起来比德语更具有帮助,因为英语单词包含了"*Ort*"和"*Platz*"的确切含义。

52 　　有关翻译的另一点值得提及。英语中"场所"（place）有动词形式,即"成为场所"（to place）,德语中的"*Ort*"和"*Platz*"都没有该含义。英语中,一个场所之所以成为场所是因为行为活动和对作为场所（placing）的理解。"Raum",即"空间"（space）,在德语中确实有动词形式,但是海德格尔为了其论据需要回避该动词形式。相反,他参照"*versammeln*"在上述关于《物》讨论中的一个动词,霍夫施塔特翻译为"去聚集"（to gather）。值得可信的情况是,当海德格尔讨论关于"正在聚集"（gathering）的某事物时,或许可以被翻译成英语中的"作为场所"（placing）。这种可能性在德语中不存在,但是它反映了哲学家更加广义的观点;他根据人类体验去说明被放置于（being placed）世界中的"物"。

　　在接下来的讨论中,我将修改这些标准翻译。我将以更广义的含义,即包含"*Ort*"和"*Platz*",讨论场所,而且使用动词

"成为场所"（to place）。这与研究海德格尔的建筑学家们在其英语语言文章中对场所的讨论相一致，例如克里斯蒂安·努尔贝里舒尔茨（Christian Norberg-Schulz）（1971，1980，1988）和戴维·西蒙（David Seamon）（1989，1993）。

场所如何产生

海德格尔没有通过其他词源学上的调查研究去仔细考虑场所，而是探索了与他的假想桥之间的联系：

> 在桥存在之前[场所]并没有在那里。在桥矗立之前，沿着河流当然有许多地点可以被某事物占据。它们中的一处成为一个[场所]，之所以成为场所是因为桥。因此桥不是首先选择了一个场所并矗立此处；而是一个场所之所以建立只是因为桥。（1971：154）

对海德格尔来说，场所，就像"物"与建筑物，应该主要通过其用途与体验去理解。于他而言，一旦桥建成，桥坐落的地点就可以用不同的方式去理解。它变成了人们心目中桥的场所。

基于此，海德格尔讲了一个关于桥的起源的故事，去想象桥建成前这里是如何一番景象。这一神秘故事起源的关键时刻就是桥梁建造商选定桥址的那一时刻。对海德格尔来说，这一时刻至关重要，遵循着他的思考，建筑学家们展开了讨论：克里斯蒂安·努尔贝里舒尔茨称之为空间的"具现"（concretization）（1971，6），西蒙·昂温（Simon Unwin）称之为"场所的可识别性"（identification of place）（1997，13-17）。无论用什么术语，**对海德格尔来说，这都是"栖居"通过"筑造"变成场所的那一时刻。**在海德格尔的故事中， 53

原本应该还有其他原因解释建造商为什么选择河岸上的某一特定地点。或许河流与堤岸的地形起伏有利于建在该处。或许这里是最易于防卫入侵者的地点。不管是什么原因，这里都被认定为成为桥之场所的最合适地点。桥一旦建成，在人们的理解中，该处就成为桥的场所。通过筑造，最初的场所的可识别性被其他人采用，并被吸收到他们的理解中去。

公园中的野餐或许可以作为场所的可识别性的一个例子（Unwin 1997，15）。野餐者需要寻找一个好的场所就座。如果天气很好，他们或愿意坐在阳光下，或更喜欢选择阴凉处。他们或许想看公园里其他人：希望看到朋友；悠闲地观看运动比赛；或者纯粹围观。他们或许想有一个开阔的视野或者选择一处僻静的地方。野餐者会对野餐地点犹豫不决，意见相左，直到他们觅得一处地点能够满足每个人的要求。因此场所的可识别性产生了。如果他们是有备而来，那么大家会立即铺开野餐毯。关于如何铺设毯子或许会引起分歧讨论，毯子长边是对着风景还是对着道路呢？意见达成一致后另一场所的可识别性得以产生。接下来人们会各就其位：喜欢热闹的或许选择可以观察形形色色人的最佳角落；熟识却彼此不喜欢的人可以分坐于毯子两端；有人会急于与自己喜欢的人相邻而坐。所有这些选择都包含了场所识别。最后，众人摆开食物：装满食物的大篮子或许放于中间；水煮鸡蛋的摆放使鸡蛋爱好者唾手可得；好饮者易于获得各种饮品。野餐组织是一场小规模的场所可识别性的现场编排。根据海德格尔的观点，场地聚集；野餐之处成为场所。因为野餐许多场所产生了。

54　　当野餐结束所有一切打包带走时，野餐的场所或许继续存在于野餐者的脑海中。如果恋人在野餐中初次燃起对彼此的兴趣，或许，或者可能发表了一个令人难忘的声明，或者可能发生了某些特别有趣或者不寻常的事情，那么那些参与其中的人们一定不会再以同种方式关注公园中这同一角落了。野餐场地不仅仅是指地面；它作为野餐发生地点被铭记。这种记忆或许会持续许多年。它甚至会世代流传："那就是祖母野餐的地方……"海德格尔认为野餐之前场所是不存在的。但是对那些野餐在其脑海中留下烙印的人来说，它将永远被认定为野餐的场所。相反，对那些有充分理由认为该处与公园其他地方等同的人来说，可以每天经过，但不会对野餐和其他人所认知的野餐场所带有任何留恋。

于海德格尔而言，这个例子是非常重要的。它例证了识别场所的行为活动依然在不断持续中，影响了对房间、建筑物、镇和城市的组织。根据海德格尔的观点，在风景地中一处住房的选址与在公园中铺设野餐毯在方法上没有太大不同。如果一处住房选址在这样优美的风景地并落成，随后在其周围可能会建起附属建筑物，这就会涉及场所的其他识别性。随着时间推移，相邻的住房或许建成，接着又有另外的住房建成，形成一条街，另一条街，接着形成一个村落规模，久而久之，会形成一个小镇甚或一个城市。城市，尤其是那些未经规划的城市，在其布局中或许记录了数以百万计的场所识别性，但是其中大部分早已被忘记，就像那些建造城市的人和建筑被建造的理由。

对海德格尔来说，这个世界被打包成不同种类、尺度、形状以及规模相互交错的场所；由个体识别，被拥有或共享。很明显的是，根据哲学家的观点，涉及场所可识别性的行为活动既不具有逻辑性也不具有系统性；而是带有主观性、不确定性、多变性与不可预知性。

海德格尔认为，这种通过智力活动而确立的对某地的划分是对"四重"的一种"认可"：

桥是一个"物";它成为"四重"的 [场所]，但同时它也给予"四重"一处场地。而该场地是由 [场所] 和空间所能提供的方式决定的。(1971：154)

对哲学家来说，为特殊目的而设的某地的分界线——即场所的可识别性——标示出人类与地、天、神、凡人相校准的一条特殊基线。脑力思维上的分界线可以通过物理性的分界线来实现：即建造。于海德格尔而言，建造——不管是制造一个建筑物，还是铺设野餐毯或摆放餐桌——都是通过赋予存在来安置"四重"。因为其物理性存在，被一个人所识别的场所也可以被其他人称为场所。识别者的存在得以反映在将场所变为存在这一行为活动中。再者，由于"地"与"天"（ 来自于所获得的材料 ）、终将死亡的"凡人"（ 通过建筑物被允许以新方式去占据世界者 ）与"神"（ 由"凡人"对照反映 ）之前并没有得到安排，因此建造行为活动也是对它们进行的安置。海德格尔认为，借助场所认知的复杂矩阵，个体得以能够理解"筑造"与"栖居"："因此富有特色的'筑造'即是激发与众不同的'栖居'"(letting-dwell)。

场所的边界

通过仔细考虑场所的边界是如何被确定的，海德格尔进一步阐述了"场所即某处"这一概念（ 海德格尔的相关术语在文中用斜体字表示 ）：

"*raum*"，"*rum*"，意指明确的，或者未被占用的，用来居住和借宿的场所。空间，即希腊语中的"*peras*"一词，是为某事物腾出的一个空儿，也就是说在一个界限以内的明确的并且未被占用的空儿。界限不是某事物停止之处，而是——正如希腊语中所识别的一样——某事物开始其呈现之处。这就是为什么此概念来自"*horismos*"，即地平线，界限。空间……是已经形成的一个空儿，其界限允许进入。已经形成的场所 [Raum] 总是被认可，也因此被加入，也就是说，[被称为场所]（placed），凭借此 [场所]，即凭借作为桥的这样一个"物"。相应地，"空"（spaces）从其 [场所] 上，而不是从"空间"（space）上，接受了他们的存在。（1971：154）

对海德格尔来说，通过介入到日常生活中之多方面的场所可识别性，空间被人们打包成了不同的场所。对他而言，56在我们周围的共用"空间"这一广义背景下，人们对空间的理解所依靠的是他们对自身所识别的场所之体验。识别场所涉及确定空间中场所周围的界限。正如我们已经了解的，该识别性主要归属于除海德格尔之外的旁观者的脑海中。**通过这种方式，场所主要是由个体以复杂与不断变化的方式，并在空间共用性的基础上，而被创造出来的。**在他看来，只有在我们能够识别场所周围界限的背景下，才能理解空间本身。海德格尔认为，就是因为我们能够识别场所，空间才能存在。

这一点对海德格尔的模型，即理解我们周围的世界，尤其对建成的世界，是至关重要的。在他的观点中，当我们识别一个场所时，比如进行野餐的场所，我们确实在脑海中为其周围设定了界限。这是因为我们从无处不在的共用空间中锁定了某处。界限不一定像平面图上画的线或者像拉锁线那样精确。它可以和精准的物理特征相一致，但也可能更加模糊与不确定。在海德格尔的模型中，如果场所边界与物理界限相一致，那么我们所定义的场所边界更可能是精准的。现成的界限往往已经存在，可以是墙壁、道路、河流、建筑物、路牙石、物体表面的变化，根据这些早已存在于我们世界中的界限，可以比较容易地识别场所。然而，有些界限并不是那么容易被确定的。

城市中不能确定场所边界的例子数不胜数，你或许从自身体验中就可以回想起一些。例如，一条街在其长度上有着非常鲜明的特色：就像我住在卡迪夫的那条街道，它把一条繁忙的购物街和一条沿着公园边界的林荫大道联系起来。购物街显得匆忙凌乱，交通和行人熙熙攘攘。而另外一边的林荫大道尤为安静、宜人，种满了成熟的欧椴树。我所在街道的特征随之起了显著变化。靠近商店的那部分显得更加繁忙与都市化；靠近大道的那部分显得更加幽静与郊区化。尽管街道上的联排房屋几乎相同，整条街太相似以至于看不出什么变化；在靠近公园尽头那边，房子的前花园就更为整洁，粉刷也更为匀整。如果根据海德格尔的观点去考虑，那么在我所住街道上，靠近公园的一端和靠近商店的一端感觉就是不同的场所，因为它们的特征是如此不同。我的邻居们似乎也有同感。房地产中介也这么认为，因为越是靠近公园末端房价越高，而且这种价格上的差距非常大，可不仅仅是那些匀整的粉刷和整洁的花园能够反映得了的。然而，我却无法在街道的两端之间识别出一条线来。在此处，基于海德格尔的观点，就是一处难为其划定界限的场所识别性。界限的确是存在的，就在某处，因为两个不同的场所从体验角度来讲一目了然。于是，我可以根据那已经切实存在的矮墙在平面图上画出房屋的花园和街道之间的那条界线，但是用一条界线来区分街道两端场所却似乎无法完成。

当海德格尔讨论人们识别周围场所的界限时，他提到了"地平线"一词。他考虑到诸如此类的边界很难在平面图上被

表现出来，就像街道两端的差别很难被表现一样。他指的是那种在人们认知周围世界时更为不确定的边界。地平线是天地交接的地方，但在空间中不能予以精确定位。也不可能到达地平线。如果你朝它走去，它会消失在远方。与传说中存在于彩虹尽头的黄金罐一样，地平线永远是渐行渐远。虽然某些场所识别性的界限与实际存在的物体相一致并因此而能予以精确识别，但从这个意义上讲，许多其他的界限则像地平线一样虚无。它们都是一些幻想中的事物，难以在现实中下定论。海德格尔认为，个体可以通过体验认知这些界限却无法精确定位。虽然它们不能用画的一条线来表明，但是在场所的可识别性中仍然是至关重要的。

在海德格尔看来，这一幻想中的地平线概念更多是关于场所的边界。在人们领会理解物、自身及其他相关事物这一背景下，它也可以作为一个隐喻。在英语中，我们会谈论的某人的视域①，多是指决定人们领会理解世界的一种信仰②。以同样的方式，我们也会讨论"某某人开阔了他们的视域"云云。在这个意义上讲，海德格尔指的也是视域：来自于某人正规教育、日常生活、家庭、熟悉或者难忘的周围环境的主要经验教训。在哲学家看来，所有这些都是一种视域。于他而言，"四重"，即地、天、神与凡人，是最终极的视域。这样的视域包含了真实或者想象中的存在，该存在容许人们去识别他们自己，并在此基础上去识别其周围的世界。就像地与天之间的地平线不能以一种精确的方式去认知一样，这些更为广义的隐喻性的视域也不能予以精确地认知。海德格尔认为，这种

---

① "horizons"在英语中除意为"地平线"外也意为"视域"。此处显然是作为"视域"的意思出现。二者是具有相似性的，都只可意会却不能以一种精确的方式被定位。——译者注

② 即世界观。——译者注

视域的含混难解泄露了生命中的一种终极神秘。这种神秘值得强调。在技术统治论之世界中，即他所认为的由权威数学运算体系得出的结论主导一切，该神秘恰恰展示出对体验的一种至关重要的保护。

体验重于数学

人们在空间中一面为自身识别场所，一面探索这样的可识别性是如何发生的。在将这种空间视为一种大环境的前提下，接下来海德格尔将使场所和空间之概念和数学增量所描述的空间之概念展开竞争。他继续使用桥的例子：

桥是一个 [场所]。作为一个"物"，它提供了一个能够容纳地与天，神与凡人的空间。在桥所塑造的空间内包含很多离桥或远或近的不同场所。然而，这些场所可以被看作一些纯粹的位置，其位置之间的距离则是可以度量的……。距离或"stadion"其实都是相同意思的单词，*stadion* 在拉丁语中意为间隙（*spatium*），即介于中间的空间（intervening space）或者间隔（interval）。因此，人们与"物"之间的亲密性和疏远性就变为纯粹的距离，一种介入中间空间的纯粹间隔。在纯粹由间隙（*spatium*）展现的空间中，桥显现为在某一位置上的某一纯粹事物，在任何时间都可以被占据，或者被另一纯粹标示物所替代。另外，纯粹的高度、宽度和深度都可以从空间中被抽象出来作为间隔。（1971：155）

哲学家的观点与他所倡导的"物体"和"物"之间的对立有关。现象学上的领会理解能够强调人们体验场所的方式，海德格尔判定这种现象学上的领会理解与数学上的抽象化相比，可以更为丰富地描绘世界。

对位移的数学描述可以用来作为一个例证。距离常根据
三维依序排列，即等同于 x、y 和 z 轴上的增量。垂直上下
位移和沿着地平面的水平位移在描述上没有任何区别。然而，
从人类体验来看，这是一种非常不同的情形（Bloomer and
Moore 1977，1-2）。如果没有坡度或者机械帮助，向上移
动很远几乎是不可能的，因为"上"通常受空气阻力和束缚
人体于地面的地球引力的影响。同样地，"下"通常是指陆地
作用力，与向上推动身体的力相同。向上或向下的移动与水
平上任何方向的移动在感觉上是大不相同的。在海德格尔看
来，数学上的描述恰恰忽略了这一点。在水平面上的移动显然
比向上或向下的移动更为容易。尽管在算术上是相同的，但
是在人类体验上却有极大的不同。海德格尔认为，这样的演
示表明数学上的度量无法达到对距离的领会理解。对他来说，
空间和场所应该首先通过"筑造"与"栖居"的人类体验来
理解，而不是通过数学运算。

继续论述，海德格尔写道：

如此这般抽象出来 [在空间中作为维度]，我们把它
表象为三个维度的多样性。然而，这种由多样性而形成的
空间也不再由距离来决定，它不再是 *spatium*（间隙），至
多是 *extensio*，即延伸（extension）。但是作为 *extensio* 的
空间可以进一步被抽象成为解析—代数的关系。……因
此，以该数学运算的方式提供的空间可以被称为"空间"，
即"该"空间本身。但是从这个意义上来讲，"该"空间
（'the' space）与"空间"（'space'）并不包含空间与场所。
在任何 [场所] 中我们从没发现过它，也就是说，诸如桥
之类的"物"也是如此……根据距离、跨度、方向和计

60

算机计算这些量值，Spatium（间隙）和 extensio（延伸）可以随时提供对物和所形成空间之度量的可能性。但是，普遍适用于任何延伸之物的这一事实，无论如何不会因为其空间和位置可以用数学进行度量的这种可能性，便能够制定出其数字化的量值。[①]（1971：155–156）

海德格尔质疑在数学增量上对空间进行度量，及其所隐含的项目使人类对世界的体验一般化，正如 x、y 与 z 轴之维度。这是他对科学语言渗入日常生活之中这一现象在更为广义范畴上发起的挑战的一部分。

哲学家在他的写于 1935 年的文章《什么是形而上学》（What is Metaphysics）中，也对科学语言的无处不在进行了探讨（1993）。他提到：科学提问的方式是"是什么？"。他通过提问存在的另一个替代物，即虚无，试图探索存在。在谈到《物》中器皿的例子时，我们对哲学家关于虚无的故事已经作过探讨。在海德格尔看来，已经被科学渗透的当代语言，倾向于将虚无看作一中空的某物来表达虚无。这种描述太过苍白，永远不能贴切地描述这种神秘的虚无。对他来说，虚无是最值得提出疑问的；是一种关于"……所有的黑暗与谜一样的存在"（1993，91）的简称。我们不能问虚无"是什么？"，正是因为它不是什么。海德格尔认为，科学永远不能回答为什么没有虚无，因为科学认为人类的存在理所当然。

在 1969 年的文章《哲学的终结和思想的任务》（The End of Philosophy and the Task of Thinking）中，海德格尔扩展了这一论点（1993）。他提出疑问，如果一项科学项

① 这一点与"场所的边界"中论点也相一致，有些场所的边界可以被精确认知，但也有些场所的边界不能被精确认知，比如人类体验的可延伸之物（包括地平线和视域），这些绝无可能制定出数字化量值。

目完成之后，那么接下来会是什么呢？就像如果关于生活的一个数学方程式被写出来之后，那么关于生活中的任何事物就都可以被认知了吗？人类努力进行脑力思维活动的动机还会存在吗？他在人类存在的直觉领域找到了持续不断的价值，而在这些领域内科学语言无能为力。**他认为，即使关于生活的那项科学研究项目可以完成，生活的扩展与丰富也不会仅限于艺术、诗歌及其他表现形式，一定还可以进行很多思考。**对海德格尔来说，持续不断的价值就存在于情感与体验领域范围内。

在哲学家看来，这样的体验对人类识别场所来说是至关重要的。于他而言，通过屏蔽对固含在周围世界中人性脆弱的提示，技术在日常基础上模糊了存在。这样的提示直接指向情感，即或可通过想象所爱的人去世时的感受，和想象在大自然的力量中濒临死亡时的感受来加以理解。这些情感来自于恐惧、焦虑、绝望、想象和快乐。但在海德格尔看来，由于技术统治一切的社会及其语言，这些情感所提示的都消失了。它们被错误地视为偶尔的失误，仅仅需要被尽可能快地处理就可以使一切都得以恢复常态。他认为，对于对这个世界的精妙与力量所作出的日常情感反应而言，这是一种破坏性的替代品。与这一情感领域相联系的，便是人类与生俱来的，关于场所识别性的复杂矩阵。海德格尔认为，从广义上来讲，科学研究项目，和对数学抽象的倾向性，是具有缺陷的，因为它未能解决情感上的日常影响。在海德格尔看来，按照数学维度上的增量去理解领会空间，是这种具有缺陷的简约化思考方式所带来的一种不受欢迎的病状。

海德格尔的模型是通过个体体验优先于数值抽象去理解世界，该模型具有重要的影响。数学比例是一个极度强大的工具，大部分地图和制图都是基于它来进行测量的。建造、

62

导航和许多当代人想象中的事情也都依赖于它。然而，海德格尔认为这种标量的数学度量已经积聚了太多的影响。这一思想在他所勾勒出的一个颇有魅力的幻象中有所体现①，即人类有可能掌控整个世界。这会导致对视觉和抽象的依赖。在建筑领域内，这一想法将"建筑物作为物体"这一概念太过容易地赋予社会，而事实上他认为人们的直观感受才更应该成为首要因素。从哲学家的观点来看，对空间进行数学运算上的度量只是一个工具而不是空间本身的终结。在此之上便是个体根据场所认知世界的方式，正如它所表现出的那样。

投射场所

如上所述，海德格尔认为，人们通过在脑海中锁定场所周围的界限来为自身进行场所识别：一些界限清晰精确；而另一些则是更加不确定和临时性的。在他看来，处在不同尺度上的动态场所可识别性涉及个体的情感敏感性和体验。这样的识别性行为活动，以直觉性的和多变性的方式，一直以来抵制着朝着可精确控制的数学度量方面发展的约简化过程。于他而言，至关重要地是，这些行为活动还包含了人们的想象力。

海德格尔在识别场所过程中探索了想象力的作用：

> 仅仅在脑海中，我们不能描绘远距离的"物"……
> 因此只有对远距离的"物"在内心进行的描绘，才能经
> 过我们的脑海和大脑，去作为"物"的代替品。如果现
> 在我们所有人，在这里思考海德堡的老桥，这种对于远
> 方桥所在位置的思考不仅仅存在于我们内心的经验与记

---

① 此处"颇有魅力"为反话，海德格尔实为反对这种幻象。——译者注

忆，相反地，属于我们对桥进行思考的本性，即对桥本身的思考穿越，并持续穿越，通往那一 [场所]……的距离。此时此刻，相比那些每天都在过桥却漠不关心的人们，我们或许更接近桥及其所形成的空间（room）……当我朝着报告厅门口走去时，我已经在彼处了，而假如我从未感觉到我在那里，那么我无论如何也不能到达彼处。如果仅仅作为一具被桎梏的肉体，那我就从未到过这里；反之，我在那里，也就是说，我已经占据过该空间，却也仅仅只是穿过而已。[①]（1971：156-157）

海德格尔讨论了海德堡的老桥，提供了一个具体的例子来代替文章中早已讨论过的假想桥。这座老桥在德国非常著名。海德格尔知道他的许多读者或听众都可能参观过此桥，并可以通过他们内心的印象回想起桥的模样，这就像——所谓的——一位英国读者可以描绘出伦敦塔桥，或者一位澳大利亚读者可以描绘出悉尼海港大桥那样。按照他对"物"的定义——那是与"物体"的概念相对立的——哲学家希望对关于"物体"的观点——即宣称"物体"主要作为一种纯粹的心目中的形象，一种视觉上的理想典范——提出质疑。他试图将他的读者的记忆作为个体；说服他们首先去想象海德堡的老桥，并将其作为他们已经体验过的一个"物"。海德格尔希望他们结合自身的体验把它作为记忆中的一个场所，而不是作为一个理想的物体。在海德格尔看来，想象一个场所涉及人们通过他们的想象将自身投射到场所中去。于他而言，想起海德堡的老桥，或者有特别事情发生的野餐，或者家中的餐桌，是记住了对

[①] 此处的描述旨在说明对事物真正投入与空间位置属性之间的辩证关系。只有真心投入一件事或真心感知一处空间，才能称之为真正到达或融入；否则即使人在那里，也是漫不经心，行尸走肉。——译者注

桥，或野餐，或餐桌的体验。在哲学家看来，该体验包含了我们心目中一个具有想象力的投影，从此时此地，到彼处远方。我们触及到了对场所真实情况的领会理解，对我们来说这意味着情感地体验，而不是变魔术般创造出一个图像——仅仅与视觉有关。

根据海德格尔的观点，这种具有想象力的投影或许涉及我们回忆起场所那令人难忘的特征，发生在那里的令人难忘的事件，与之相关的令人难忘的人们，甚至是基于它而想象出来的那些令人难忘的故事。他认为，通过此种方式，我们离场所很近。此处，他回想起了在《物》一文中对与生活中的"四重"条件密切相关的亲密性的讨论。在他看来，亲密性并不主要是数学增量的一个功能。相反，这是对某处、某事或某人情感依附的一种感觉。它可以在地、天、神和凡人背景下予以理解，体验和栖居亦诞生于此。海德格尔认为，一个人对身边某物或许会感觉相距甚远，对相距甚远的某物却感觉近在眼前。以此种方式思考，想象中的场所、迷失的场所或者没有去过的场所，或许都可以像真实存在的场所一样真切。根据相同的框架，通过心灵和世界的交流，那些场所仍然可以被识别。但是，用海德格尔的话来说，它们远未到达视域界限的领域范围；它们的边界主要存在于脑海中而不是和场地中的实体"物"相一致。例如，一些老年人，尤其是那些失明和失聪的老年人，仿佛眼前有一个生动的画面，那是关于许多年以前早已变得面目全非的场所，和曾经居住在一起却早已去世的人们。相比此时此景下，他们想象中的投影有时候会更贴近于那些场所和人。来自于当前压力的这种远离感会使那些受此时此地束缚的人们感到忧虑，但是，以海德格尔的思考方式来看，这不一定是失败，恰恰相反，是一种对于接近的不同感觉。

在海德格尔看来，我们对周围场所的定位，不但和与建筑物、街道及景观之实体围墙相一致的场所可识别性关系紧密；也和具有投射性的，通过想象和记忆来领会理解的场所可识别性有很大的关系。于海德格尔而言，每一个个体所具有的世界视域由丰富的不断变化的方式构成，而该方式通过体验和栖居被理解：有一些场所，理性、直观且拥有物理性的界限；而另一些场所则更需凭直觉感知、更为不确定且更需要想象力。在他看来，每个人对接近的独特感觉，是真实情形和想象之间不断协商的结果。

黑森林农舍

65

海德格尔用最后一个例子对《筑·居·思》进行了总结：位于德国南部黑森林的一处假想农舍。该农舍被用来作为对原文的总结，并对他论点的关键要素进行了整合：即"筑造"与"栖居"的一个结合体，并早已与世界上的"物"紧密相连；是被设想成为艺术产品的建筑的对立面；是与众不同的地、天、神和凡人之"四重"，并被用来作为"筑造"与"栖居"实现存在的首要条件；是场所的概念，可以用来解释人们如何区分周围世界；是一种反对技术统治论的注解，**他认为太过宣扬数学导向体系却贬低了独特的人类感觉与体验的优先性**。为了谨慎对待他所认知到的，将产品和视觉至上作为建筑关注点的观点，海德格尔介绍了黑森林农舍，并声称：[他的重点]*"只有当我们能够栖居时，我们才能够筑造"*（1971，160）。

在海德格尔所不信任的，以物体论为主的建筑历史论调中，黑森林农舍被描述为"本土建筑类型"。历史学家们根据一些特征把这些房屋进行分类。一个特大的四坡屋顶，屋檐压得很低，建筑本身的体量或许有四层楼高，所设计屋顶的尺寸用以应对冬天的大雪（图4）。农舍中相对较小的部分用来供人们居住，剩余空间用来供饲养家畜和储存干草及其他必需品。在山中寒冷的冬天，这容许人和动物可以共享取暖，并且通过存储材料对热量的吸收以尽可能多地保存温暖。建筑主要是木结构和贴挂于屋顶和墙面的木瓦板。房屋中最大的房间是餐厅，餐桌摆放于房间中央，称之为"*Familientisch*"或者"*gemeinsamerTisch*"，这里是家庭和不断扩大的家庭相聚用餐的地方。环顾此处，在房间角落处你会看到一设有圣像和蜡烛的天主教神龛。这里是"*Herrgottswinkel*"，即"主的角落"（Lord's Corner），在此之下便是作为一家之主的父亲在用餐时所坐的位置。过去在这样的家庭中，对天主教的虔诚和传统角色扮演被严格遵守着。许多农舍也有"*Totenbrett*"或者"*Totenbaum*"的外环境：一块部分掩埋的原木，平的表面朝上，这是在家庭葬礼中用作停放棺材之处。

图4　位于托特瑙堡海德格尔山间小屋附近的黑森林农舍，现在是一家宾馆。

海德格尔关于假想黑森林农舍的思考灵感，是来源于他对所住之托特瑙堡山间小屋周围邻居住房的亲身体验：

让我们想一会儿黑森林农舍 [einen Schwarzwaldhof]，大约两百年前由定居于此的农民建成 [bäuerliches Wohnen]。此处的自给自足力量使地、天、神与凡人归为由"物"构成的住房这一简单的整体。农场位于背风的山坡上，面南，绿草掩映紧邻小溪。它有宽大的悬挑木瓦板屋顶，其适宜的坡度可以承担大雪的负荷，而且，向下纵深延伸，在漫漫冬夜遮挡住暴风雪对室内的侵袭。不要忘记餐桌后的圣坛角落 [gemeinsamen Tisch]；在它的斗室中为"分娩之床"① 和"死亡之树" [Totenbaum]（tree of the dead）的神圣场所提供了空间，"死亡之树"可以称之为棺材，以这种方式，展开了几代人在同一屋檐下穿越时间之旅的画卷。一种本身从栖居发展而来的手工艺，仍然通过将工具器械作为"物"，来建造农舍。

只有当我们能够栖居时，我们才能够筑造。我们对黑森林农场的参照决不意味着我们应该或者可能返回去筑造此类房屋；而是通过已经形成的栖居的例子说明"栖居"是如何能够被"筑造"的。（1971：160）

海德格尔认为"筑造"和"栖居"在此假想农舍内是相协调的。他似乎已经理解筑造是由居住者日常生活规律而定的动态整体的一部分；也是由与地区和气候相关的，那些日常生活规律所定义的自然和社会微观组织而定。海德格尔关于农舍的段落含义晦涩，但其具体论点也值得关注。

农舍，海德格尔写到，"由定居于此的农民建成……"。

---

① 分娩此处有新生命降生之寓意。——译者注

他颠覆了传统期望，即"筑造"是一个一次性事件，在其之后产生"栖居"。哲学家援引了他自己的观点，用以支持"筑造"和"栖居"应该作为一种单一的动态行为活动而紧密结合在一起。在那个场所中，对栖居之需要——既是根据场地和气候，也是根据为维持日常生活所必需的——对设计住房起着决定性作用。随着时间的推移，对栖居的需要决定着住房如何被建、被重建、发生变化，并适应从宏观到微观不同尺度上的需求；其范畴包括从扩建到餐桌布置的任何事情。在"筑造"和"栖居"之间没有差别，没有所谓的任何类型的完成。在一种互惠互利状态下，筑造物内的场所，也对如何形成那里的栖居起着决定性的作用。

68

　　海德格尔认为，尤其是通过居住者思想行为的统一，栖居才能引发农舍的生成。该建筑物把地、天、神和凡人聚集在一起——成为它们的场所——而"四重"通过居住者居住的方式得以实现。农舍矗立于"地球上"和"天空之下"，通过使用从周围环境获取的材料，由那里的第一位居住者建成。建筑物的木材、木瓦板和石材来自于陆地，这些材料的起源也包含来自天空的光与热。通过理解了风的方向，海德格尔那假想的居住者选定了房址，在此处，风力通过地势可以自然减弱。通过认识到陆地可以保温隔热，能够缓解极端气温的问题，他们紧依山坡而建。通过感受到太阳的温暖，观察到阳光透射，他们将主要立面朝向南面使其沐浴在阳光下。他们在土地上劳作，通过耕耘大地换来支撑生活的粮食与牲畜，他们的住房也就靠近支撑着他们生活的这片土地。就像他们的作物和牲畜一样，他们也汲取涌自地下的泉水，并居住在附近。然而若反过来说，却是"四重"，而不是居住者本身，最终为海德格尔"布局设计了该住房"。人类的力量（人们对行为活动的控制）并不能全面掌控这里，仅仅能与"四重"进行协商。

在海德格尔看来，至关重要的是农舍的居住者、建筑物和景观能够自给自足：这并不是什么离经叛道的嬉皮幻想作品，而是作为具有意义的本源——无论可能意味着什么——通达至他所认为的，即人们、他们的生活方式、该地区与地球之间恰如其分的和解。从这个道德准则上讲，自然力量远远大于个体的力量。

在海德格尔看来，农舍容许了与存在第一性之间的优先联系。通过业已消逝的仪式① **和日常实存的例行程序，农舍的居住者表明了他们的道德准则。**他们在家里专门辟出特殊位置，经年累月地举行可能发生的庆祝活动，尤其是关于出生和死亡的：餐桌、棺材停放处和"主"的角落。

按照海德格尔的观点，"*gemeinsamer Tisch*"（即餐桌），是为特别的、几乎是仪式性的餐宴形式而准备的。那随着时间而变迁的餐桌布局可追溯到曾在那里相聚的人们，以及他们通过共享食物而为相聚进行的庆祝。它宣布了用餐者的存在；在餐与餐之间腾空座位，等候着有规律活动的再次发生。每一餐都需要组织和清理；为每一位用餐者准备好盘子、玻璃杯子和餐具，使用过后要清洗。在餐桌那更广阔的空间中，新的场所为人和物而设定。在海德格尔的说法中，这些场所被有规律地组织与使用，或者根据对栖居的需要以及根据建筑物布局而产生的居住，来筑造。"*Totenbaum*"（即棺材）同样地期待着被使用：在海德格尔看来，这是对生命——即归根结底是从生到死——的不断提示，和对家庭祖祖辈辈们生命终结在那里的一种存在上的提示。"*Herrgottswinkel*"（即"主"的角落），这里的天主教圣像监督着餐桌，同样地标志着时间的流逝。在海德格尔看来，对这些不变的典礼和仪式之要求，

---

① 为人生进入一个重要阶段（如成人、结婚、死亡等）所举行的礼仪，称为过渡仪式。——译者注

为日常生活中无休止的变化提供了一种稳定、持续的感觉。就像两餐之间那空空如也的餐椅，虚位以待，正在等待着就餐者的到来，神龛也可被想象成为一种强有力的缺席。然而，它所标志着的存在，是极为高深莫测的。海德格尔认为，它是一种神秘虚无的图腾象征，是存在之永恒伴侣，是意义之基本所在。此神龛也标志着——无论其好坏——天主教严苛的等级观念，即在家庭成员中，根据年龄与性别而锚固其特定的角色。

在哲学家的建筑理论模型中，这些场所，是根据居住于那里的个体的视域，从实际物理环境和想象角度，来被识别与理解的。对这些场所的认知是复杂的；其某些方面可由居住者共享，而另外一些方面则更为个人化。于海德格尔而言，这些居住者业已非常熟悉的场所——一些是日常性的，而另一些则具有更为神圣的特质——基于对存在和众神的尊重，使人们居住下来。于他而言，这些场所提供了对亲密性的一种可触知的感觉。它们允许居住者在他们生活中识别出一个，或者多个中心来。

海德格尔声称，农舍既展开了居民居住的画卷，又成为居住的一种纪念。他认为，随着时间变迁，居住者的栖居被记录在建筑物的肌理中，也在放置于此的他们的生活随身物品上。对哲学家来说，建筑物富于洞察力，由"一种有关长期体验和持续实践的工坊"构成（1971，161）。在他看来，一个建筑物的布局在实际物理环境下表明了对建造和使用的理解。它为探寻建造者的内心想法提供了具体的深入理解，这是人们都应该选择去追求的（Gooding，Putnam，Smith 1997）。**在该建筑理论模型中，建筑物是心灵与场所随着时间变迁中的不断建造与改变而相互介入的纪念。每一处结构都带有栖居那经年累月持续叠加在一起的层面的深刻印记。**

按照海德格尔的观点，正如通过他对农舍之描绘所设想的那样，人们是建筑"侦探调查"游戏中永远的参与者。每一层喷涂，每一个钻孔的痕迹，配制的挂钩或者墙面上的凿孔，都与被煤烟熏黑了的木结构或雕刻的石头关系密切，而这些能够为考古学家提供研究的线索。海德格尔认为，黑森林农舍，以其真实存在的物理形式阐明了生活中的日常工艺制作。与书生气的哲学大不相同，这些工艺制作涉及对积累起来的独特人类想象力的理解，对积累起来的"筑造"和"栖居"的理解，对积累起来的与周围场所互动的理解。但是，海德格尔认为，这种有关制造与生活的工艺制作极富意义并具有哲学上的权威性。在他看来，将"筑造"与"栖居"紧密联系在一起的行为活动就是思考；而这些行为活动联合在一起，就构成了一种附加语言（extra-verbal）哲学。

海德格尔表明，假想农舍是依据其他住房塑造出来的。它的制造者从经由别人测试过的建造中吸取经验教训，并利用已建成建筑物的资源。他们对在形式上不安于现状的重塑丝毫不感兴趣。他声称，经由"已经形成的"栖居，居住者才"能够筑造"。农舍被制造成为海德格尔的"物"，因此它的使用者就具有"一种……从栖居发展而来的工艺制作"能力。在海德格尔看来，因为人们熟悉它，那么房屋就变成帮助人们认识周围世界的一个工具。它那通过体验才能领会到的场所，就变成了向外探索的一个参照框架。正如《筑·居·思》中的桥与其场地和使用者的生活方式不断协商，居住者和与周围世界紧密相连的农舍之场所之间也存在不断的协商再协商。海德格尔认为，农舍成为一个真正具有标识性的场所，地球的一部分。它也成为安置人类行为活动的一个场所，并将其自身作为理解的一个工具。

对海德格尔来说，农舍那与众不同的布局设计处于最重要的地位。在历史时间背景下，这种布局设计与业已逝去的仪式及礼仪产生了共鸣，也反映了年轻的海德格尔在梅斯基尔希镇作为唱诗班成员和敲钟人时的生活特征；当时，他的时间是根据日历表上的宗教节日、庆典及一系列的基督教洗礼、婚礼与葬礼来安排的。然而，哲学家的农舍，并未过多地涉及作为渗入日常生活细节中的天主教礼拜仪式。当海德格尔提及他的山间小屋时就已经提示过这一点，在那里，生活必需品和景观融为一体，与在有规律地写作、生活、饮食与睡眠中度过的不同季节融为一体。在黑森林农场，在海德格尔看来，"筑造"与"栖居"，在自给自足的统一体中，在场所多元可识别性的重要伙伴……即在"四重"中，得以发现。

农舍演示了海德格尔所倡导的理念，证明了他在日常生活中所发现的"哲学性工艺"。然而，他声称，"（我们）决不……应该或者可能返回去筑造此类房屋"。基于承认农舍所代表的生活方式已经不复存在的前提，他倡导以未被特别指定的新方式来对其"筑造"与"栖居"进行重新安排改造。在他看来，农舍"通过*已经形成的*栖居，例证了栖居是如何能够筑造的"。于是，针对那种盛行于技术统治论之下的，沉湎于建筑物的工业生产并将其作为艺术类物体的建筑学体系，海德格尔演示了他所认为的最好的替代品。关于在当代生活中如何对农舍进行重新安排与改造，海德格尔把这一问题留给了他的读者，让他们自行考虑可能的任何解决办法。他总结道 [他的重点所在]：

> 无论多么艰苦卓绝，无论有多大阻碍，无论住房短缺威胁有多大，然而栖居的真正困境并不仅仅在于住房短缺……假如人类的无家可归是因为这一点，但人类从来没有真正把关于栖居的困境看作是一种困境，那会怎

么样呢？事实上当人类开始考虑其无家可归时，这就不
再是一种不幸。只有正确地思考并将其牢记心中，才是
使凡人实现栖居的唯一途径。（1971：161）

这一段最终的华丽辞藻是对《筑·居·思》中道德维度的
最后一个必要的演示。"筑造"与"栖居"是道德准则的问题，
而海德格尔恰把自己视作道德家，最能够决定他们的视域。

浪漫色彩的乡土主义

海德格尔的黑森林农场，对其浪漫主义和怀旧主义倾向
来说是一个显著的例子。他认为农舍所表达出的特殊理念已
经成为过去，这一观点表明他预见到了乡愁情怀很容易成为
众矢之的。尽管海德格尔明确表示这一思想所描绘的秩序应
该得以重新修改，但该秩序还是更为适合于乡村风格而不是
城市生活。

哲学家阿尔伯特·博格曼（Albert Borgmann），曾经
论述过海德格尔著作中所称之为的地方主义和世界大同主义
（Borgmann 1992）。世界大同主义和地方主义描述的是对
世界的态度，二者常被视作是对立的。两种态度的支持者都
经常讽刺对方的支持者。世界大同主义者驳斥地方主义具有
排他倾向性：称之为近亲繁殖的、内向的、令人反感的、依赖
浪漫主义神秘色彩的。而地方主义者则反驳世界大同主义者
具有欺骗性：称他们热衷于时尚和体系的优先性，痴迷于对专
业素养和专业知识的盲目崇拜，自封为英雄并把他们自己放
置到虚伪的神坛上受人崇拜。海德格尔关于黑森林农场的浪
漫主义概念显然具有地方主义优先性。而且，我们已经看到，
他并不反对使用对世界大同主义的讽刺去反驳技术统治一切

73

的观点。尽管博格曼把《筑·居·思》中的地方主义称为"批判与肯定"，该文章还是受到了来自支持世界大同主义者观点的评论家的抨击。

其中一个便是建筑作家尼尔·利奇（Neil Leach）。利奇关于海德格尔的地方主义写道：

> 可识别性……成为一种侵占式的领土化，并在一个地理地形图中标示出来。在自我神秘化的可识别性过程中，个体与土地成为一体……在与自然相融合中，差异性受到抑制，并且通过养育我们的土地，一种新的特色得以锻造形成。因此，我们发现自然现象被不断提及——暴风雨雪、鲜血与祖国①——存在于法西斯意识形态中……准确地讲，这就形成了一种其识别性牢牢植根于当地土壤中的文脉，而对于那些并非植根于当地土壤中的群体而言，就将被排除在外。②（1998：33）

在利奇看来，对栖居和场所的研究毫无疑问地会导向有关身份特征的问题。他认为在海德格尔通过写作来强调与特殊场所的密切关系以及声称场所的概念的时候，暗示了一种具有法西斯倾向的归属感。对利奇来说，和一个场所具有密切关系的一群个体或许会感到他们属于那里。基于此也有别的可能，其他人或许认为没有归属感，他们对陌生人或者外国人变得不能容忍。**因此，对一个场所的极端归属感可以被看作是对外来者的迫害。**

利奇也发现，海德格尔假想农舍中的浪漫主义色彩并

---

① 此处原文为"Soil"，即土壤，在此暗喻祖国的大地。——译者注
② 此处暗示了纳粹主义所奉行的种族主义，即通过"植根于祖国土壤中"这一暗喻，强调纯粹的德国人拥有自己排他性的身份特征，而其他种族则因为不具备这种身份特征而遭到驱赶与排斥。——译者注

不容忍对性别的尊重。受到让·弗朗索瓦·利奥塔尔（Jean-François Lyotard）的研究启发，利奇对比了"'*domus*'（家）的神秘性"——即家的现象，和当代"特大都市时代"状态下的一种更为令人感到孤独的城市生活模型（Lyotard 1991）。根据利奇所言，家的这一神秘形象，表明了传统家庭内的布局：

> 同样地，这种家庭内的"*domus*"（即"家"）等级具有其自然排序，有男主人和女主人（"the *dominus*"和"the *domina*"）及女佣（the *ancilla*）。（Leach 1998，34）

在他看来，对家的讨论表明一种把女人归属于家庭佣人的思维倾向。事实上，正如我们从哲学家的观点中所看到的，把男人的工作与工程联系起来，把女人的工作与纺织厂联系起来——通过《筑·居·思》之后的报道评论，即在达姆施塔特有关家始于婚姻的附加辩论（Harries 1996，106）——很显然，哲学家的思考中几乎不存在女权主义。

跟随着利奥塔，利奇认为这种家庭内的家（即"*domus*"）是一种危险的神话，会导致对许多"其他人"的排斥或者剥削，这其中就包括女人和那些被看作外国人的人。在利奇看来，家的排序现在已经丢失了：被城市或"特大都市"所取代。随着这种丢失，任何归属感都会被从家和祖国转移到工作和所有物上。对他来说，这种逝去无须哀悼，反而值得庆祝。在世界大同主义对地方主义的一条极具特点的批判中，他把场所，与家和家庭生活相提并论，并指责场所是具有危险欺骗性的。

面对这样的指控，海德格尔加入纳粹这一事实并没有使他对场所思考的辩护变得更为容易。浪漫主义，正如在黑森林农场的地方主义优先性中所展示出来的，贯穿于海德格尔关于建筑的著作中。尽管在大多数文化中，富于浪漫气息的人或许可使自己沉迷于梦想家角色，但是在德国背景下，浪漫主义会带来更多问题。据称，20世纪初期的一批作家，例如，弗里德里希·荷尔德林、约翰·格特弗里德·冯·赫德（Johann Gottfried Von Herder）和弗里德里希·尼采，均为纳粹主义开创了一条特殊的路径，并为希特勒的种族大屠杀说辞建立了一种智力上的空间（Blackbourn and Eley 1984，1-35）。当然，浪漫地方主义及其在德国的本源在海德格尔著作中得到放大，这不仅仅是在纳粹期，同时也包括在纳粹之前和之后。这在黑森林农舍的例子中尤其得到了放大，俨然是为建筑提供了一个护身符。如利奇所认为的，海德格尔的著作及其有关建筑的思考很容易密切地联系到一起。

75

"……人诗意地栖居……"

在本书中所探讨的三篇文章中最后一篇借用了弗里德里希·荷尔德林诗中的词句作为标题："……人诗意地栖居……"。该文章与同一时期的另两篇有联系但也截然不同。在从事文学研究的读者看来，它是三者中最具有修辞手法的，至少涉及了具体的例子。该文通过诠释人们是如何"度量"他们周围的"物"，以及人们如何认知世界，来撰写了海德格尔关于建筑的思考。

《……人诗意地栖居……》是作为讲座而首次面世的，讲座地点是位于巴登－巴登山中那美丽的比勒温泉。文章发表于1951年10月6日，是当时的"周三晚间系列报告"之一。该系列报告邀请了许多战后德国的文化公众人物，包括卡尔·奥尔夫（Carl Orff）、埃米尔·比勒陀利乌斯（Emil Pretorius）和贝达·阿勒曼（Beda Allemann）。该度假村特意邀请这些知识分子前来演讲，从而借此来丰富温泉疗养的游客与爱好文学的市民的生活。海德格尔的这篇文章首次出版于 1954 年版的，名为 "*Akzente: Zeitschrift für Dichtung*" 的学术期刊上，（即《方言集: 诗歌》），并再版于 "*Vorträge und Aufsätze*"（即《讲座与写作》）一书中，该书也收录了《物》和《筑·居·思》。

《……人诗意地栖居……》，或者用德语表达是 "*...dichterisch wohnet der Mensch...*"，诠释了荷尔德林诗中的辞句。这一从该辞句引申发展而来的美赋被海德格尔选作自己文章的标题。德语单词 "*Mensch*" 比同义的英语单词 "Man"（男人）带有更少的性别特征,意义与 "人"（person）更为贴近。

海德格尔提出了诗意的概念。在他看来，诗意的定义非常广泛，是指一切经过缜密思考的人类创造。诗意是和 "筑造" 与 "栖居" 联系在一起的——正如《筑·居·思》中提到的,把二者看作一种单一且自发的行为活动。**海德格尔感觉到，筑造与栖居总是与尝试认知实存联系在一起，并因此而具有诗意。**他觉得，这些尝试通过度量，自然而然且具有诗意地发生着: 度量是一种行为活动，能够通过对人类共有环境的体验作出判断而获得洞察力。海德格尔相信，科学把 "物" 分离出来进行调查研究是不可取的，相反地，他所提倡的度量，是通过人、"物" 以及世界相互联系构成的一个基本整体而发生的。该整体与实存的先决条件——"四重"，联系在一起，这一点在《物》和《筑·居·思》中已经作过讨论。对海德格尔来说，在这些先决条件构成的整体中，诗意和栖居对彼此进行有深度的度量，并帮助个体去认知他们所处的环境。

76

诗意的度量

度量这一术语出现在《筑·居·思》中，但海德格尔在《……人诗意地栖居……》中对度量作了进一步详述。他从质疑荷尔德林的观点，即"……诗意地，人栖居……"开始，并问道：

> "人"……应该如何去诗意地栖居？所有的栖居都与诗意相容吗？（1971：213）

与《筑·居·思》中的开场白相呼应，海德格尔认为，当代栖居已经受到战后住房危机的破坏。当时，很多诗人作品中流露出的浮躁心态颇为大众接受，而且出版业内流行着的"文学产业化"的风气。这二者的重点皆在于产品产量，海德格尔为之颇感哀叹。因此他认为，在这两种条件下，栖居与诗意相距甚远（1971，214）。对海德格尔来说，"制造"（making）一词在希腊语中的词源是——"poiesis"——把诗意和栖居联系在一起。因此，他意指所有制造在一定程度上均与诗意有关。他也意指，诗意并不一定必须涉及语言。因此，海德格尔认为，诗意和栖居相容可以是假定的共识；并不是说，只有适宜的栖居才是根本上的诗意。

77 海德格尔讨论语言时，崇尚把诗歌作为一种特殊的语言，并认为人们错误解读了他们和语言之间的关系。在他看来，人们错误地认为他们掌控着辞藻。他认为情况并非如此。这种分权关系被颠倒了。他认为："尽管人担当的是语言的主人与缔造者，但是，实际上，语言是人的主人。"（1971，215）理查德·波尔特（Richard Polt）指出，海德格尔质疑了有关语言的两个假定共识：第一，语言是一个人与另外一人交流的工具；第二，平实的语言是正常的，更为诗意的语言一定程度上讲是令人陌生并且是次要的（1999，175）。海德格尔认为，语言可以对人们施加影响，操纵其表达的可能性。对海德格尔来说，语言并不是中立的工具。他极力主张，蕴含于日常会话中的多层意义应该得到更多的重视与理解。海德格尔认为，诗歌，正如他广泛定义的一样，是人类与世界之间的一种深层次关系。根据诗歌产生过程中所隐含的暗示，对他来说，诗歌不是用于表达，相反地，是对语言和栖居之体验的一种独具特色的聆听。

在海德格尔看来，"诗意能够真正地让我们栖居"（1971，215）。他撰写关于诗意建筑的文字，并声称诗意是一种植根于个体对所处环境感知的动态行为；这与他从黑森林农舍中得来的对设计布局之感觉相呼应。通过进一步阐述荷尔德林文章标题的摘录，他思考了与筑造和栖居相关的诗意：

> 布满劳绩，然而人诗意地
>
> 栖居在大地上。（1971：216）

哲学家认为荷尔德林考虑到了栖居是诗意的，虽然"人日常生活中布满'劳绩'，但劳绩对人类栖居在大地上来说是具有重大意义的"。这一观点来自于"四重"，这是在上文中业已讨论过的两篇海德格尔著作中提及的概念，尽管他并没有像命名第三篇一样去命名它们。哲学家认为，通过对比诗意筑造与日常劳绩，荷尔德林已经为终将死亡的凡人识别出了与众不同的诗意筑造之特点。在海德格尔看来，"是诗意把人类首次带到地球上，并使人类归属于地球，因此把人类带入到了栖居"（1971，218）。在他看来，诗意建造是"筑造"与"栖居"的核心动力，而"筑造"与"栖居"是日常人类体验的核心要素。另外，通过植根于人类制造，哲学家认为，**该诗意毋庸置疑地把涉及每一个体自身"筑造"与"栖居"的制造，和整段历史中有关制造的行为活动联系起来，并最终和世界的创造性及其神秘性紧密联系在一起。**创造性，从其根本意义上讲，在海德格尔有关制造的创造性活动中得以呼应。

通过从荷尔德林诗中大段地摘录，海德格尔对有关度量的讨论进行了研究：

> 如果生命充满艰辛，人
>
> 或许抬眼望苍天：那么
>
> 我也希望如此吗？是的。只要慈仁 [*Freundlichkeit*]，
>
> 纯真，仍然与心同在，人
>
> 不会痛苦地依靠神性来度量自身。
>
> 神是高深莫测的吗？
>
> 他像苍天那样一望而知吗？我宁愿
>
> 相信后者。这是人的度量 [*Des Menschen Maaβ ist's*]。
>
> 布满劳绩，然而人诗意地
>
> 栖居在大地上。
>
> 黑暗中繁星满天的夜空，
>
> 倘若容我直言，
>
> 它并不比被称为具有神性映像的人更为纯真。
>
> 大地之上可有度量一说？
>
> 绝无。（1971：219-220）

哲学家并没有分析整段摘录，而是重点探究了某些特定的词语和词组。很明显地，他对诗的选择包含了他"四重"的四个要素：地、天、神（即"神性"），及终将死亡的凡人（即"人"），并把思考集中于诗中与这些构成要素相关的方面。而特别重要的是位于地与天之间的领域范围——在那里，"人类栖居可以被度量出来"（1971，220）。海德格尔把词语"度量"——在荷尔德林的摘录中出现了三次——和词语"几何图形"联系起来，倡导把度量作为植根于诗意制造之行为活动的一种特殊概念。

就像他对筑造工业化生产和物体概念的批判，海德格尔的度量与体验有关，但与科学或者数学却没有关系：

进行度量就是对两者之间进行估测——也将天堂与
凡间相互拉近。该度量采用了自身的"metron"（即密特隆，
计量信息的单位），即自身的度量标准。（1971：221）

　　哲学家对度量的讨论是对数学抽象的另一个质疑，他认
为所有有关数学抽象的内容在当代社会中太过盛行。在海德
格尔看来，度量并非与科学息息相关。它不涉及使用卷尺或
直尺去计算数学区间。它也不涉及对衍生于他处之框架的任
何系统性的应用。相反地，他通过德语"messen"来形容度
量，尽管该词也意指数学上的刻度，但却有同类比较的内涵。
对海德格尔来说，这种比较性度量的基本要素，就是他所识
别出的，生活中"四重"的先决条件。而进行该活动，人们
就需要全神贯注地聆听周围世界：

假如我们的手不是随意突然地进行抓握，而是由适合
于在此处采取度量的动作来引导，那么这么一种令人感到
陌生的度量……就自然不是可以感知的操作杆或者直尺，
而在事实上应该更易于操纵。这种度量从不会去把握什
么标准，而是要通过一种获知而完成——而这种获知也
需要依靠全神贯注的认知；需要通过聚集在一起的，借助
聆听而得到的理解来完成。（1971：223）

　　哲学家认为，不能设立抽象理念去作为理想中的标准，
而是在其他"物"和体验的背景下去探索"物"和体验，这
一点非常重要。海德格尔的度量包括聆听。它可以凭借任何
事物去对任何事物进行判断。它可以通过身体和感官的方式，
从情感上和本能上去完成，也可以更深思熟虑和慎重。**根据
他的观点，度量工具是个体的判断力，他们的想象力，他们
的感觉及情感。**

80

尽管有不同的度量方法，海德格尔认为，诗意度量是与众不同的，因为它涉及创造性（1971，224-225）。遵循着他对人类存在这一事实的痴迷，鉴于人类实存终将死亡的自然本性，即生命终将走向死亡，他判定创造性具有特殊的权威性。在他看来，诗意的主要动力在于人类对创造性的度量。

海德格尔的支持者们常常近距离观察例子，以证明他所倡导的那种度量。阿方索·林吉斯（Alphonso Lingis）对床的描述提供了一个从身体和感官上度量的例子：

> 我的床，在第一个晚上，是新鲜的、难以相处的、陌生的；之后它一点点变得亲近起来。它已经形成一种确凿无疑且非常清楚的、肉质的纹理效果；当我躺在上面身陷其中，我不能够清晰地辨别出何处是我身体的终结，何处又是那陌生的表面的起始。起初，我对床单触及肌肤有着非常清晰的感觉，这一陌生的表面接触到了我身体的边界。渐渐地，该边界逐渐消失、抹去本身以致变得模糊不定。这种与肉体的亲密性扩散到整张床单，最后进入到床本身，进而也蔓延到整个房间。它们已经融为一个整体。（Lang 1989：201-213）

按照海德格尔的观点，个体或许依据床来度量他们自己，反过来，也根据他们自己去度量床。床的尺寸和特性是通过本能的身体度量而被认知的。个体或许可以说能感觉到与它同在。从熟悉程度上来说，此床也可以成为某处的避难所，一种允许度量整个世界的个人领域。林吉斯的观点和乔治·珀雷克（Georges Perec）的观点基本一致，乔治·珀雷克在《空间物种》（Species of Spaces）一书中写道：

一个卧室中的一处被复活的空间，它拥有足够的起死回生的能力，去召回，唤醒记忆……躺在床上时，对自己身体感官上的确定性，对位于房间内卧床所处环境的确定性，只有这些激活了我的记忆，并赋予了这些记忆一种通过其他方式很难拥有的敏锐度与准确度。（1997：21）

根据海德格尔的观点去解释，此处珀雷克认为一些人或许会借由自身去度量其他的床。他们的床变成了一种海德格尔的度量。他们对它的熟悉程度、理解程度及记忆，或许会帮助他们依据过去，依据对将来的想象，去测试他们对当前的认知；或许还可以依据曾经睡在那里的其他人。在海德格尔看来，总是和创造性联系在一起，这种世俗的度量开启了与生命终极奥秘之间的联系，或许，还可以帮助人们从不同角度对他们在世界上所处的场所进行思考。按照海德格尔的观点，个体和床不仅仅可以互相度量，还可以探索他们所处的环境。个体和床从度量上聚集到一起。这种度量可能仅仅出于本能或基本不经过思考，也可能是更加刻意而为的行为。

乔治·斯泰纳在其《真实的存在》（Real Presences）一书中，写到了关于更为刻意而为的海德格尔之度量（1989）。他运用猜想作为开始，想象出一个禁止撰写关于文学、音乐、艺术、哲学和建筑之间接批判文字（与本书相类似）的世界。如果处于这样的环境，他将会用其他批判模式去代替。他认为，一名小说家可以用讲故事的方式表达出对另外一本小说的批判；一位音乐家可以谱写出对音乐的批判；一位舞蹈家可以用身体的舞蹈动作去批判舞蹈创作。在斯泰纳看来，这样的评论比传统新闻业和学术批判要少些自我参照性（1989，3-50）。它基于某人对其他人创造性的参比——无论是积极的或是消极的——并作为世界的共同认知的一部分与他人一起思考。斯泰纳的假想批判领域与一种研究模型相矛盾，这种研究模型作为一种"正命题"、"反命题"及"综合体"的过程，是遵循黑格尔的辨证想象在当代研究文化背景下建立起来的

（Taylor，1975）。在海德格尔之后，斯泰纳认为有一些维度，超越了存在于任何试图通过体验认知世界过程中的线性辩论视角。根据此观点，对线性辩论的约简被认为是把物排除在外。海德格尔的度量理念，和斯泰纳的用舞蹈来表述评论的舞蹈家，或者用音乐音阶表述评论的作曲家，是紧密联系在一起的。对哲学家来说，度量主要是诗意的，也就是说，它源于由聆听和制造共同完成的创造性。

在海德格尔看来，当钟情于诗意的某些人使他们自己融入世界，并刻意地或出于本能地通过创造性的行为活动去度量世界上的"物"与现象时，她或他便为他们自己创造了诗意。于哲学家而言，任何这种诗意的成果也可以成为一种度量，并为人类度量宝库添砖加瓦。就像《筑·居·思》中的假想桥一样，它变成了早已存在于那里的某物，可以帮助人们去斟酌判断在这个世界上所处的场所。按照海德格尔的观点，这样的创造性反映了世界并寻求可靠的再想象。对他来说，创造力是在人类反映中产生的，因此一定程度上讲是特殊的；甚至接近于神灵。

认知

对海德格尔来说，"筑造"与"栖居"是通过度量发生的，度量使二者结合在一起。无论是出于本能还是更为刻意所为，该度量总是通过直觉上的实际体验和富于想象力的体验发生的，而不是通过科学实验发生的。在海德格尔看来，人们主

要根据对自身体验的创造性诠释来领会理解周围环境，尤其

是他们所居住的房屋。海德格尔在一种更为广义的背景下，对度量的概念进行了定位。他提出了一种与众不同的有关人们是如何认知世界的模型。

在探讨《物》和《筑·居·思》的过程中，我们已了解到海德格尔是如何质疑他所认为的一种当代趋势，从而把思考包容到观点中，借由日复一日的体验而建立可以被认为是与众不同的理想模型。同样地，在《……人诗意地栖居……》中，海德格尔强调度量应该是在一体化背景下发生，该一体化是指生活体验和人们所度量的"物"应结合在一起，而不是把它们分离开来。在他的一段更为受到质疑的段落中，他写道：

> "相同"从来不会与"平等"相一致，即使是在空虚的、毫无特点的单一体中也不会，哪怕它们在表面上表现出相同性。"平等"或者"同一"总是趋向于不同性的缺失，因此，任何事物或许都可以被约简到一个共同的分母。相比之下，"相同"是通过不同方式的聚集，而与所谓的"不同"归属于一起。只有在我们思考差异性的时候，我们才能表达出"相同"。就是在差异性产生与和解过程中，"相同"所聚集起来的本质便显露出来为大家所知……"相同"把所谓的"不同"聚集到原始的同一存在中。相反，"平等"是把所谓的"不同"分散到纯粹整合的单调统一中去。荷尔德林，以他自己的方式，去认知了这些关系。（1971：218–219）

在巴登–巴登山的此处，海德格尔与他文学上的读者一起游戏，使他们感觉有点困惑，但却能够参与到他建立复杂性的特有策略当中，那么他可以从中表达他自己的阐述性观点。他的观点并不像一开始呈现出来的那样令人困惑。我们已经了解到海德格尔是如何反驳一种观念，即该观念在一定程度上讲是外在的并凌驾于人们日常的体验之上；反过来讲，也了解到他是如何偏爱一种现象学上的方法，即认为任何思考者都可以只是基于早已存于地球上的条件去思考。海德格尔在上述段落中的观点就是在此背景下产生的。在哲学家看来，个体必须识别出足够的"物"之间的差异性，进而他们才能够度量存在于他们周围的其他"物"。但是，他认为，度量不应该从日常体验中被分离出来，像科学那样把它们作为实验室中可以切割的物体，或者是在报告厅把它们分析成为纯粹抽象的观点。这一观点是在海德格尔如何理解人类认知的背景下阐明的。

海德格尔并不认为，人们是通过由一丝不苟的分析而得出的井然有序的成果来认知的。相反地，于他而言，认知是阐明的时刻，是启迪之火花产生的那一时刻，并不能被过度描述为已有的体验。遵循着海德格尔，汉斯 - 格奥尔格·伽达默尔把这样的时刻描述成为激发，"该激发存在于被发现的醒目词语中和一瞬间所闪现出的直觉中"（1994，17）。在海德格尔看来，认知是一种瞬间，在该过程中对思考的谜团豁然开朗，即对新生事物的认识领会或者对想当然的事物重新理解。对他来说，这些来自这一瞬间的洞察力，是对构成个体认知的直觉进行精心分析的一部分。

在他的后期著作中，对具有神秘起源且一闪而逝的洞察力，海德格尔喜欢将其比喻为林中开阔地。在题为*路标*（*Pathmarks*）（1998）——或在德语中名为"*Holzwege*"——的合集著作介绍中，海德格尔把认知比作漫步于林中路上。这一比喻是参照德语中的口语表达"auf dem Holzweg sein"，即"在林中路上"，类似于英语中的表达"在错误的小路上"或者"在一条死胡同里"。在林中路迷失，在努力认知事物中迷失，对海德格尔来说都不是问题，乔治·斯泰纳写道：

> 始于海德格尔，我们的任务是在进程中设定讨论，并将其带到"本属于它的路上"。这种不定量是想强调此路只是众多路径中的一条，而且无法先验地保证此路定能把我们导向我们的目标。这是海德格尔的持续性策略，意在表明任务的过程，过程中的意向，不但是在我们能够达到自己所设立的任何目标之前发生……而且在某种意义上，从尊严与价值角度来看即等同于目标。但是尽管所选择的路会是众多中的一条，该路必须位于森林内部……这也暗示着可能有其他路通向森林外面，但如果是这样，那就是走错方向了。（1992：20-21）

85

于海德格尔而言，使物体服从于一个体系的科学调研方法和人类体验是不相容的；与林中路大不相同。他认为，由此类体系得出的研究结果倾向于更多地表达体系自身，而不是旨在调研的内容。以科学方法人们或许可以同样地根据罗盘导向独立前往探索森林。但罗盘并不会试图去理解人们之前是如何出于本能地介入到森林当中的。探索者并不会在第一时间把他们自己的想法与森林建立起关系并进而去尽力帮助自己理解，相反地，他们依赖于人造工具，在追寻强加的路线的过程中无视任何事物。对海德格尔来说，应该通过行走于早已在那里的林中路去探索，并容许领域本身去引导探索。

林中路容易使人迷路：树冠使地面笼罩在黑暗中，密密匝匝的树干布出点阵，显现或遮挡着望向远处的视线。辨不清方向的探索者会在行走时跟随着他们的本能；有时会选择他人业已走出来的状况较好的道路，有时会选择状况较差的岔路。按照海德格尔的路径隐喻，林中开阔地就是难以实现的目标。一旦到达那里，会发现与树林中相比，这里光线充足而且望向远处的视线不受遮挡，也能够给予探索者方位导向。德语"Litchtung"是指林中开阔地，也意指光照，包含着作出理解的启迪隐意。在海德格尔的比喻中，到达开阔地就像豁然开朗那一刻的神秘闪现。

海德格尔认为，最好是通过体验"物"及其所处环境去认知"物"，而不是把它们从所处环境中分离出来后再通过抽象实验去认知。世界以及它所包含的"物"应该受到尊重与聆听，由本能与判断力去引导前行的方向。**在他看来，基于思考统一性的背景，任何洞察力最好是怀有豁然开朗的希望去体验，而不是通过一些站不住脚却一丝不苟的，试图用分离取代统一的过程去推论。**对海德格尔来说，认知涉及个体主动或者被动地开启他们自身体验洞察力的可能性。其实所有那些洞察力早已作为一种潜在的可能性在世界上存在着，正在等待被发现。

海德格尔倡导一种统一的一体化感觉（1971，218-219）。他的思考受惠于对东方思想的探索，尤其是老子的思想（1989），以及对神秘主义神学家迈斯特·埃克哈特（Meister Eckhart）的研究（Davies，1994）。对海德格尔来说，西方盛行的有关心灵的理念可以作为一种分离式的脑力思维去辨别事物，例如把黑色从白色中辨别出来。相反地，在海德格尔研究老子和埃克哈特之后，一体化表明黑色和白色相互之间的确难以辨别。黑色、白色及中间的许多灰色应被识别为一个密不可分的整体。不能想当然地以为理解了白色并借由它去测验黑色，因为白色和黑色之间尽管的确具有可识别的差异性却不能自我独立。二者之间相辅相依。它们是同一个整体的构成部分，每一个单独的部分不能从整体中脱离也不能被孤立地认知。人类对它们进行思考的能力也是同一个整体的一部分。思考永远早已存在，在努力认知的人们周围及其心中。按照此观点，分离是一种不相容的观点。人们并不会根据分离去度量。相反地，度量发生在一体化背景下。分离是令人反感的，因为它使得人们感到凌驾于世界及他人之上的一种虚假优越性，或许还会鼓励某些人为了实现其控制欲而进行不当的尝试。

在海德格尔看来，诗意，作为一种创造性的制造，在捆绑性整体化中与人类体验相共存，他认为人类也属于此整体。于他而言，这一认知模型涉及把世界、心灵和洞察力作为整合的一个整体。该模型是一种根本上的平静，可以支撑统一物理性的、智力性的及时间性的秩序，此秩序是海德格尔在《筑·居·思》中写到黑森林农场时提出来的。海德格尔的场所可识别性通过度量和一体化去认知世界。同样地，对哲学家来说，通过对场地、人和社会的现有条件进行诗意的感知，把筑造与栖居行为活动紧密联系在一起，就具有了权威性。

87

本真性

在《……人诗意地栖居……》结尾处，海德格尔为他的建筑模型提出了本真性的观点。他在筑造与栖居的背景下把度量和诗意联系起来：

> ……栖居只有在诗意发生的时候才出现……正如为所有度量所进行的度量……没有现成的度量尺度为 [平面布局] 设计提供纯粹的度量标准。从提升建筑物和使建筑物适用的意义上说，诗意建造同样也没有现成的度量标准。但是，诗意，作为栖居维度适当的度量标准，是筑造的首要形式。首先，诗意认可人类的栖居可以根据其

海德格尔的建筑思想

本质进行……诗意是认可栖居的本源。

　　人类因为栖居而筑造，这一观点现在已被赋予其应有的意义。如果人类只是培育会生长的东西并同时培育生长建筑物[①]，在地球上、天空下纯粹地建立自己的居留，那么人类便不会栖居。只有当人类已经开始从诗意度量行为的意义上来筑造，人类才有能力去筑造（栖居）。只要有诗人存在，那么本真性的筑造就会发生了，这是因为诗人为建筑和栖居的结构进行了度量 [für die Architektonik]。（1971：227）

　　海德格尔通过参照人类对"物"的组织性结构，探讨了"建筑技术学"。如今对"建筑"（architecture）一词的使用可以说远远多于哲学家的时代，例如，书写电脑程序或者架构协商政治协定中的动词在英语中都是"architecture"（或可译为"建筑化"）。在海德格尔看来，组织是一种创造性的行为活动。赋予"物"组织性的结构是以诗意为特征，并毋庸置疑地呈现了人类所涉及的度量。对海德格尔来说，或许可以参照写作、制造、筑造、音乐来广义地定义诗意的行为活动，该行为活动涉及个体为了努力地认知而依据其周围环境对自身进行度量。在这种情况下，个体筛选体验、组织体验并与体验密切联系在一起。于他而言，任何诗意行为活动的成果都展现了与其他体验之间的密切联系。他认为，诗意的创造性起始于每一个体根据他们所处环境及其体验而对自身进行的度量。对他来说，只要能把诗意从较少创造性的行为活动

---

① 此处"培育"一词译自英文"raising"。在英文中，"raise"有表示树立起、建立起、培养、种植、使成长起来、饲养大、养育大等广义上的意义。海德格尔本段文字的英文版中对农作物、牲畜、和建筑均使用了"raise"一词，一来表示对仗，二来表示一种广义上的人类活动，即有目的的创造或生产自己的生活必需品。——译者注

中辨别出来，这就是成功之处，诗意的行为活动与他们的旁观者便会产生共鸣。

可以说《……人诗意地栖居……》的上述段落中最重要的观点在于最后一句："只要有诗人存在，那么本真性的筑造就会发生了，这是因为诗人为建筑和栖居的结构进行了度量。"海德格尔声称，"本真性的""筑造"与"栖居"是至关重要的。海德格尔把"筑造"与"栖居"归为"好"或者"差"两类；一是根据"筑造"与"栖居"是否能够符合他关于诗意及诗意制造的概念，二是依据在他的哲学范畴中，"筑造"与"栖居"是否基于帮助人类度量他们实存的条件来通过创造性的尝试去认知世界。于他而言，好的"筑造"与"栖居"的确如此，差的"筑造"与"栖居"并非如此。二者之间立场分明，不存在任何中间地带。**在《……人诗意地栖居……》和他的其他著作中，海德格尔有关本真性的两极分化观点的影响，可以说是他研究中最具有争议性的部分。**其中针对他著作的最主要批判之一便是：**西奥多·阿多诺**于 1964 年首次出版的《本真性的行话》(The Jargon of Authenticity)。

阿多诺感知到，在战后德国，海德格尔观点的影响日益增大，在此感知驱使下他写了《本真性的行话》一书。正如我们已经理解到的，海德格尔借助他独特的词源学研究来获取不为人熟悉的含义，进而设法把这些特殊的意义归属于熟悉的术语。阿多诺的书始于引用 19 世纪哲学家索伦·克尔恺郭尔的"信仰的飞跃"；即宗教信仰在于人们不仅以誓言约束信仰而且愿意相信它，从而跃过深渊稳稳地着陆于另外一端。在阿多诺看来，海德格尔的观点需要类似的信仰的飞跃，因为他认为这些理论是不合理的。他用"邪教"来形容海德格尔的语言（1986，5）。阿多诺认为，海德格尔用"人类深层情感的借口"掩盖了他没有事实根据的观点（1986，6）。那些追随者们颇像称赞皇帝的新衣的那些人。对阿多诺来说，这即是特殊的词语经过感伤的润色来力图欺骗读者，并使其接受信仰。

阿多诺认为，最严重的问题正是把海德格尔的本真性观点与他的讲话方式结合到一起。他认为，尽管海德格尔的观点是基于理想物体或者理念，旨在验证日常生活的体验，但这仅仅是设立一种替代性的典范，仍然与人们相距甚远。受到卡尔·马克思著作的影响，阿多诺认为，海德格尔的术语依赖于并只能用于描述甜蜜的家庭生活；就像黑森林农场一样，在这里，对世世代代的人来说，农业生计被认为是始终如一且令人快乐的实存。在他看来，海德格尔的有关理想栖居的观点对贫困的现实来说毫不兼容。他的观点不能够表现阶级分化的不平等，这种玫瑰色的表现不能够应对不平等和冲突的困苦。尤其在战后的德国背景下，阿多诺忧虑海德格尔的行话太过容易地容许了小资产阶级家庭生活常态中的中产阶级信仰；这一本真性要求承认，在德国纳粹时代之前、期间及之后，舒适的家庭生活仍然是一种安全的、可靠的并且是始终如一的生活方式，只是暂时被战争带来的痛苦所打断（1986，22）。于他而言，海德格尔有关本真性的观点验证了并复原了浪漫主义的自我满足。更糟的是，极端化的本真性观点使得法西斯思维倾向继续延续。

海德格尔的支持者们或许会对他的词源学及法西斯意识形态之间的联系进行争论。然而，在《……人诗意地栖居……》中，海德格尔总结出一种建筑学理论模型，把它视为"本真性的"诗意栖居，并把它定位在黑森林农舍过去的表现形式上。这一架构显然是没有任何妥协地被倡导着。对他来说，本真性的建筑是支持该理论模型的，而非本真建筑则不支持。按照阿多诺批判的观点，最终的本真性观点是那些纳粹种族主义政策用屠杀的结果来决定谁是"本真性"的，谁又不是。那么，任何针对本真性的观点一定会提出犀利的问题，即谁能够被赋予权威性去决定什么是本真性的、为什么是本真性的及如何才能是本真性的。毋庸置疑地，能够起决定性作用的人类权力关系——不管是政治的、经济的还是社会的，一定不会被虚假的舒适家庭生活所蒙蔽。

海德格尔与建筑师

纵观海德格尔的一生，他寻求和有创造性的人们之间的联系，他感兴趣的人包括作家、诗人及艺术家。然而，他对探寻建筑师或者专家设计的建筑表现出的兴趣并不大。**1953年，他参观了勒·柯布西耶（Le Corbusier）位于朗香的新朝圣教堂，从他弗赖堡的家跨越法国边境线不远即可到达，但是该教堂并没有使他感到兴奋。**相反地，他愿意花时间在那里聆听一位年轻的牧师以一种不同寻常的方式讲述大众福祉（Petzet 1993，207）。对于他对建筑师的这一矛盾心理，却有一个例外，那就是海德格尔尝试联系过阿尔瓦·阿尔托（Alvar Aalto）。哲学家的传记作者海因里希·维甘德·佩策特（Heinrich Wiegand Petzet）写道，听闻阿尔托在其书桌上摆放一本收录《筑·居·思》的书卷，海德格尔便向阿尔托致以问候。然而，两者会面的可能性却因阿尔托的死而永远无法达成了（1993，188）。尽管海德格尔对建筑师及其作品兴趣不大，但是 20 世纪后半叶的许多建筑师却对他的著作产生了浓厚的兴趣。他的思考给建筑带来的启发是多种多样的。此处我将聚焦于一个例子，通过建筑师和建筑评论家对海德格尔的诠释进行更广泛意义上的讨论。

水气氤氲

彼得·卒姆托的建筑设计因 1998 年出版的有关他作品的专著而闻名，其标题为：《*彼得·卒姆托作品集：建筑设计与专*

书中的绪论探讨了来自于海德格尔《筑·居·思》的一段引用，指出建筑师的专业知识与海德格尔的著作有着密切联系。该专著中最著名的建筑当属建于阿尔卑斯山中，位于瑞士格宾斯登州的瓦尔斯温泉（图5），卒姆托在一次访谈中也讨论了该建筑，访谈内容出版在《*建筑研究季刊*》（*Architectural Research Quarterly*）上（Spier 2001）。瓦尔斯温泉因其唤起空间的连续次序及其精致的建造细部而蜚声建筑界，但更表达了海德格尔著作与卒姆托建筑之间耐人寻味的关联性。

在卒姆托建筑宣言式的文章，即《*思考建筑*》（Thinking Architecture）中，卒姆托呼应了海德格尔对体验和作为度量工具的情感的强调。其中标题为"一种看待'物'的方式"的章节就是以对一个门把手的描述而开篇的：

> 之前，当进入我姑妈的花园时，我时常需要握住门把手。那个门把手对我来说，似乎俨然是进入一个拥有不同心境与不同气息世界的特殊符号。我记得脚下砾石发出的声音，打过蜡的橡木楼梯散发出柔和的亮光，当我走在光线较暗的门廊并步入厨房时，我能够听到厚重的门在我身后关闭……。（1998：9）

卒姆托重点强调了对建筑的感官体验。他认为，材料的物理特性可以把个体融入世界当中，通过记忆来唤起体验，并架构起场所的视域。他通过感官特性回想在他姑妈家中曾经度量出的场所和"物"。此处他回应了建筑设计师兼作家——尤哈尼·帕拉斯马。帕拉斯马认为，这个世界上对于技术的运作是如此快速，以至于视觉成为人类能够跟上其节奏的唯一感觉，因此建筑应该强调其他感觉以便产生更多直觉上的共

图 5 彼得·卒姆托的位于瓦尔斯的山区景观温泉

鸣（1996）。卒姆托的瓦尔斯温泉详细传达了他在文章中所描述的思考，并呼吁所有感觉回归。建筑师根据其引人遐想的特质对当地材料进行了精心设计。火烧抛光石、铬、铜、皮革及丝绒等材料被小心且有效地使用，从而在使用者无论是穿着衣服还是裸体的时候，均能提升其真实感受。在触觉、嗅觉，甚或味觉方面，这些材料均被进行了令人如痴如醉的精心打造。鼓着水泡且雾气腾腾的戏剧效果通过自然及人工照明得到进一步烘托，在水汽氤氲的黑暗中显得非常热情且具有穿透力（图6）。经过精心制作的材料进一步提升或控制其外在的体量。这种感官上的潜力得以无限度地开发利用。

在这里，卒姆托致力于通过唤起人们的情感来庆祝一种沐浴仪式。他在关于瓦尔斯温泉的访谈中说道：

他们（即游客）将会识别出该建筑……因为他们了解阿尔卑斯山上用于羊和牛且具有相同氛围的类似建筑……这仅仅是简单的筑造与生存。它们是你不得不做的事情……。

平民百姓走进来，老年人走进来，他们都认为这里不错，值得进来，而且氛围不会使人感到寒冷，因此在进入水中之前不需要穿着浴袍。在浴池中还有一处有点儿神秘的场所，即在水流出口处有一个饮水喷泉。喷泉处设有一盏纯粹人工制造且具有戏剧效果的红色的灯。这里映射了一个传统，即古老的温泉沐浴场中的确会有种大理石质地的，塑造成各种形状的饮水喷泉，因此这是一个新版本，而且还带着一点儿戏剧效果。此外，（这里）也是从长长的楼梯上走下来。这就像在制造一个入口，就像在一些电影中或者古老的旅馆中那样——比如玛琳·黛德丽（Marlene Dietrich）从一段楼梯拾级而下，或诸如此

图6 瓦尔斯温泉内部的水、光、影效果

类的场景。你为进入房间而制造了一个入口。更衣室内的红木看上去有些性感，或许在一瞬间，你会觉得有点儿像一条远洋客轮或妓院。这里正是换掉普通装扮而进入另一种氛围的地方。感官特质是最重要的，当然，该温泉建筑也具备这些感官上的特质。（Spier 2001：17，22）

"氛围"一词在卒姆托的访谈中重复出现，它的复数形式也是建筑师新书的标题（2006）。他对该词的情有独钟表明他的关注点是从想象中的体验向外延伸；基于他自己对过去场所的回忆，通过设想场所应该是什么样的来设计，并设法在建筑形式上塑造独具戏剧效果并且属于现象学上的体验。在他看来，只有当潜在场所中的特质显现时，才能在场所周围进行筑造建设。只有在此之后，具有数学比例的布局设计图、剖面图及细部设计图才具有相应的作用。**对身心的度量——即通过直觉和判断力去找明方向，或在海德格尔看来是借助灵光乍现的洞察力去认知——已经成为卒姆托设计的一种方式，帮助他在追忆感觉的基础上去想象未来场所的模样。**这也成为一种他所笃信的，只要人们置身其中就可以体验其建筑魅力的文脉。瓦尔斯首先被设想为对感官本能的诉求，其次是诠释与分析。对卒姆托来说，温泉应该是可以触知的、多姿多彩的，甚至是性感的居住。

卒姆托把对温泉浴场的体验想象成为不时被"物"所强调的旋律，可以唤起记忆，也可以引人遐思，就像那饮水喷泉或者楼梯。他根据传统而设想了人们所付出的努力，即那些传统在空间上的呈现，并从时间和历史角度根据他所认为的合适场所去定位"物"。他也同海德格尔共享了这一倾向性，海德格尔急于根据比生命周期还长的仪式和日常惯例去定位农舍内的居住者。然而，建筑师的文化资源更为具有世界性，

96

也更像包罗万象的电影和远洋客轮，这显然是 18 世纪黑森林的农民所触及不到的。此处所接纳的是更加近代的传统，尽管他们和古老的传统使用相同术语来修饰；它们看起来也必须是简单的、感官的、首要的，并且反映的是基本的要素。建筑师和海德格尔共享了对神秘主义色彩的推崇，并在温泉浴场中体现了神秘主义特质。如同哲学家一样，卒姆托似乎也渴望古老的社会思潮，相比数学运算和统计数据，该思潮更推崇由体验和记忆所呈现出的直觉迹象。

在卒姆托看来，他的瓦尔斯温泉设计意图能够得以实现，完全是通过把栖居的仪式定位于场所中，并充分结合了海德格尔的所有相关术语。通过精心设计围合、体量、光、材料及表面，卒姆托希望能够设定一些条件，就像在上文中讨论过的与野餐紧密相关的内容一样，这些条件能够鼓励人们或根据他们的沐浴的仪式，或根据和他们紧密相连的记忆，去识别场所。他设想出一种具有丰富层次感的场所认知。建筑师对海德格尔的黑森林农场还有另一层致意，即根据区域可识别性与特色对场所进行了考虑。在上述引用的访谈记录中，他唤起了一种在附近阿尔卑斯山区用于饲养羊和牛的建筑中发现的简单质朴之感，并借此把温泉植根于山区的农业耕作观念之中，和家畜以及必需的居所息息相关。

不同于海德格尔的黑森林农舍和假想桥，卒姆托的温泉是经过专业设计完成的。一双设计师那训练有素的眼睛，和结构计算、声学、机械与电气工程师、造价师与项目经理一道，共同完成了该项目。建设施工依赖于正规教育和完成程序，但正如上述提到的，海德格尔认为它们恰恰是介入"筑造"与"栖居"之间的障碍物。

卒姆托有关瓦尔斯温泉的思考提出了复杂的议题，涉及对海德格尔建筑论的诠释，包括：专业知识技能的作用；当代传统的理念；建筑物和"物"能够呈现文化含义的理念；地域主义的理念；及设计应该关注独具匠心体验的观点。这些议题并不是特指该温泉项目及其建筑师；而是描述了 20 世纪后半叶以来，拥护海德格尔著作的建筑师和建筑评论家的研究及设计的主要特点。这些特点值得具体发展，既涉及卒姆托的瓦尔斯温泉，也与其他人的研究及设计密切相关。

专业技能

卒姆托似乎已经意识到，在他所支持的海德格尔的筑造、栖居与度量和他所参与的专业实践建造之间存在着矛盾。在关于瓦尔斯的访谈中，他说道：

> 很自然地说，好吧，以开放的态度开始一切事物吧——黑暗、光、寂静、噪音，等等——因为初始是开放性的，那么该建筑和该设计都会告诉你这些"物"所必定呈现的模样。现如今……筑造和建设是经过组织的，人们可以有愉快的假期，也不会破产，因此他们晚上可以睡个好觉。他们制定这些规则以避免承担个人则任。的确如此，这便是这些建筑法规是如何产生的由来。这是一个责任的问题。（Spier 2001：21）

98

卒姆托——在海德格尔模式中，或许在心中也与美国建筑师路易斯·康（Louis Kahn）一道——倡导对建筑的一种虔诚：试图用以一种可使"物"成为它所想成为的样子的方式去发展设计，围绕着真实却又具有想象力的体验去塑造实际存在的构造肌理。**在他看来，法定程序妨碍了建筑师、设计和建筑之间在本能上的联系。他认为，为了保障专业人士利益，由专业人士设定的法规改变了设计的优先顺序。**然而，卒姆托没有承认的是，作为专业人士中的一员，他也算是该情形的同谋之一。对海德格尔来说，正如我们所指出的，在西方社会中极具有破坏力的，不仅是法规也包括专业人士自身：它不但阻碍了"筑造"与"栖居"之间原本应有的关系，而且提倡把建筑作为产品或者是作为艺术品。尽管哲学家认为建筑师的角色和建筑理念是没有帮助的，但是卒姆托力图调和海德格尔的"筑造"与建筑之间的关系。对于海德格尔而言，卒姆托可能会是问题的一部分，而不是解决方法的一部分。

卒姆托绝不是唯一一个寻求调和海德格尔的思考与专业建筑实践之间关系的人。许多建筑师和建筑评论家已经在这样做，他们往往轻描淡写地处理所涉及的问题。其中首推作家克里斯蒂安·诺伯格·舒尔茨，他在英语建筑文化圈中，通过他的著作，《存在·空间·建筑》（Existence, Space and Architecture）（1971）、《场所精神：走近建筑现象学》（Genius Loci: Towards a Phenomenology of Architecture）（1980）、《建筑·意义·场所》（Architecture, Meaning and Place）（1988）作了有关海德格尔研究的介绍——这发生在哲学家于达姆施塔特会议上给建筑师作《筑·居·思》报告的数年之后。对诺伯格·舒尔茨来说，建筑为人们提供了一个实现"生存立足"于世界的机会（1980,5）。在他看来，当代建筑实践涉及把"筑造"与"栖居"安置到合适的场所。他把居住视为与建筑相匹配的一个层面，就像手上戴着手套一样。诺伯格·舒尔茨认为建筑和海德格尔的"筑造"是相容的，并指出对海德格尔研究的领会理解可以帮助使建筑师的专业实践更为人性化，也更具有意义。因此可以说他提供了一种较少受到质疑的特许，在广义上来讲，建筑界海德格尔们一直在以这种方式不断地把哲学家的观点和专业实践联系起来。他们倡导建筑师应该对非专业性的"筑造"与"栖居"保持敏感性，并为居住者提供参与的机会。但是，尽管在设计时他们要求对"筑造"与"栖居"的传统进行认知，这一行为活动只有在建筑物根据常规程序构想并予以建成后才有可能发生。与海德格尔黑森林农舍里的那些根据自身需要与文化期望进行设计与建造的居民不同，其实在这种当代建筑场景中，建筑物由建筑师设计、承建商建造，然后居民仅仅在这些过程完成后才能插手建造并居住其中。看起来，卒姆托就是以这种方式对海德格尔的建筑论进行了探讨应用。

现代建筑的另一种传统

正如在瓦尔斯温泉体验中所描述的那样，卒姆托喜欢结合传统来认知他的建筑及其"物"，不管这传统是由来已久的还是较为近期的。他和其他支持海德格尔的建筑师与作家分享这一倾向性。哲学家的研究——尤其是在词源学上，在日常浪漫主义和过渡性礼仪上，在对本真性的坚持上——处处洋溢着一种历史真实性的感觉；斗转星移与命运难料的历史变迁之感，作为思想宝库可用于当代生活的往昔之感。传统往往是海德格尔的建筑支持者们遵循其观点而限定的；并在当今社会被提升成为丰富的、可用的历史。

一些作家，尤其是科林·圣约翰·威尔逊（Colin St John Wilson）和诺伯格·舒尔茨，通过著作从特别的现代建筑师和作品中去寻求集结近代建筑的传统，部分研究框架与海德格尔的思考是一致的。他们都力求使现代建筑的一种可替代性历史或者一种可替代性传统神圣化、制度化。姑且不管上述所讨论的哲学家观点和专业建筑实践之间的矛盾，两位作者援引海德格尔均是为了督促建筑师思考一种更为人性化的现代

100

主义。威尔逊是在与伦敦市政府一起设计住房中开始了他的战后职业生涯，那时市政府的员工包括两种，一种是"硬性的"现代主义者，主张柯布西耶式的板块建筑，另一种是"软性的"现代主义者，主张低层的郊区房屋（Menin and Kite 2005）。后者，即软性的现代主义，在威尔逊那经过长时间酝酿而写成的著作——《现代建筑的另一种传统》（The Other Tradition of Modern Architecture）（1995）中得以推进，这主要是因为威尔逊认同海德格尔关于栖居和场所的观点。威尔逊崇拜的建筑偶像包括阿尔瓦·阿尔托、埃里克·冈纳·阿斯普伦德（Erik Gunnar Asplund）、胡戈·黑林（Hugo Häring）、汉斯·夏隆和艾琳·格雷（Eileen Gray）。他的推进策略是声援这些"先驱的"现代主义者们——通过强调他们对场地、栖居、居住和场所的敏感性——即可以作为一种影响未来实践的权威性的传统（1995,6-8）。威尔逊似乎得益于诺伯格·舒尔茨。诺伯格·舒尔茨早于 15 年前在他的书——《场所精神》（Genius Loci）（1980）中就使用了相同的策略，即拥护一些建筑师并使其作为海德格尔的场所建筑之范例。诺伯格·舒尔茨的建筑师名单上包括阿尔托、弗兰克·劳埃德·赖特（Frank Lloyd Wright）、路易斯·康、雷马·皮提拉（Reima Peitilä）和保罗·波多盖希（Paulo Portughesi）。这两位评论家拥护这些建筑师在形式塑造上的成就，均是为了响应场地和居住。因此，他们也就此宣示了现代主义建筑的海德格尔学派传统。

对威尔逊和诺伯格·舒尔茨来说，海德格尔的理论与他们所认为的在同一个轨道上的建筑师一起，表明了对硬性的现代主义建筑及后现代主义建筑观点的抵制，也提供了一个机会去谴责他们所认为的过度设计趋势。这些学者认为，通过使现代主义建筑的特定传统神圣化，以及通过结合海德格尔的哲学而赋予其权威性，他们可以推动建筑师在现代建筑中从事一种更为人性化的，对场所和人具有敏感性的专业实践。因此，许多建筑师几乎是自发地不断把海德格尔的观点和威尔逊及诺伯格·舒尔茨所界定名单上的"现代主义先驱者们"联系起来，并以此来反对那些作品不受到他们赞同的建筑师。在建筑师们之间存在着一条普遍认可的不成文等式：即海德格尔的建筑等同于此处的"另一种传统"。彼得·卒姆托的名字往往位列名单之上。至于他是否同意，这倒是一个悬而未决的问题。毕竟，传统是由那些推动并庆祝它们的人来决定的。

代表性与意义

对卒姆托来说，瓦尔斯温泉的体验应该是不时被"物"所强调的旋律，能够引人遐思：就像饮水喷泉和专业设计的楼梯一样（图7）。在他看来，这些"物"可以像魔法般召回人们的记忆。它们通过触发与多重传统之间的联系而达到这种效果：从儿时的游戏到玛琳·黛德丽的电影均是如此。建筑或许具有代表性，这一观点唤醒了个体的尤其是在文化角度上的意义，也引起了其他建筑现象学家的兴趣。通过遵循海德格尔，作家们认为，建筑在过去具有更多代表性的力量；这再一次涉及了可共享的、具有意义的传统，比如神话和宗教故事。对这些作家来说，自启蒙运动以来，日益增大的技术影响不但使传统逐渐消失而且也减少了建筑与传统之间的关联，从而阻碍了建筑唤起含义的可能性。

通过遵循海德格尔，作家们认为，建筑在过去具有更多代表性的力量；这再一次涉及了可共享的、具有意义的传统，比如神话和宗教故事。

图 7　从更衣室到温泉浴所必经的专业设计之楼梯

在《建筑的伦理功能》（The Ethical Function of Architecture）（1997）中，卡斯滕·哈里斯试图寻找一种他认为在科学理性范畴中已经丢失了的建筑意义之感。对哈里斯来说，装饰——从古至今，最广义地说——通过反映大自然的故事及反映人们对大自然的领会理解而使建筑具有特色，并赋予建筑以含义。他认为，当其可读性被共享时，装饰便具有了诗意的功能，能够帮助人们根据场所和社区对自身进行定位。于他而言，这便提供了通往含义的通道，同时质疑了令人窒息的技术理性。通过引用海德格尔的黑森林农舍——很大程度上忽略针对农舍的批判——哈里斯发现了传统建筑中的本真性能够证实并代表筑造者的价值观，而这些筑造者——在他看来——把自身看成一个志趣相投的团体的一部分。他倡导这种建筑公共伦理责任感的回归，这意指古老意义上的社会思潮伦理，也代表着共享价值观。对哈里斯来说，当代建筑项目具有潜在的革命性。在技术统治一切的理性面前，这种责任感可以为人们、社区及社会提供机会，通过唤起交往和传统的思潮，去追求一种更具有意义的生活。

达利博尔·韦塞利（Dalibor Vesely）（2004）也已经对西方建筑理念的历史变迁作了探讨，他重点强调了建筑具有代表性的可能性。他认为建筑和场所具有能够证实宇宙论价值观的潜能，并随之能够引发建筑和场所的概念生成。正如海德格尔所认为的黑森林农舍能够证实筑造者的人生态度，对韦塞利来说，建筑也能够传达其建造中包含的有关人和社会的思想。与哈里斯一样，韦塞利探索了他所主张的，存在于建筑所扮演的作用性角色和表达性角色，或者技术性角色和创造性角色之间的矛盾。他认为这些角色已经被割裂开来；例如，建筑师和工程师各自所承担的专业角色就可以证明其中的一种分离。韦塞利把这种分离的历史渊源追踪到中世纪的光学研究以及透视学的发展；追踪到历史上将对光的科学描述置于对视觉质量的直觉体验之上的首次尝试。对他来说，纵观历史，尽管此技术描述日益盛行并获得更多的权威性，但是它们仍然具有缺陷性。在他看来，这些仅仅是一种模拟，错误地赋予它们所描述的内容更多价值，却反而忽视了其真实性。韦塞利认为，在当今世界中，建筑的技术代表性被从共享含义的古老伦理代表性中割裂出来，与传统意义的联系断裂。这一点哈里斯也作过讨论。此割裂是一种"代表性的危机"，韦塞利说，从人类体验到表面与外观的视觉质量，建筑的意义均已经被置换。于他而言，当今背景下，建筑师就应该去再现建筑曾经拥有的潜在表达性；重新利用其力量去经营有意义的体验。韦塞利认为，创造性就是应对技术的妙方。

敢于认为体验的总体理论所具有的含义和本真性植根于一种特殊的历史文化意义，韦塞利和哈里斯针对建筑学专业发展史提出了一种独具特色的轨迹：从早于启蒙运动的，通过公认含义之准则去理解建筑的本真性的黄金时代，到抽象性与视觉效果占据主导地位的，技术统治论日益盛行的世界。就意义的层面而言，他们最为感兴趣的层面在很大程度上讲是神秘的、神学的；但是传统主义者认为西方文化的历史传统精华比卒姆托所引用的电影和儿时游戏要深奥得多。尽管如此，卒姆托和哈里斯、韦塞利还是共享了同一兴趣点——至少部分地受益于海德格尔——即从建筑潜在可能性上唤起想象并呼唤意义的回归。

地域主义

卒姆托声称瓦尔斯温泉具有地域主义色彩，这一点已经作了注解。他曾在受访时谈到了建筑物：

我的所有建筑物都体现了与场地、场所之间的批判性对话。或许，最终是一个好的结果，那么可以说这是一个好的隐喻，建筑物看起来就好像是一直在那里存在着，因为那时，或许是那时，你已经使场所和建筑之间达到了一种和谐共处。在瓦尔斯就是如此，建筑与温泉和水、山和石等所有已经存在了数百万年的"物"都有关系。石和水，其设计意向属于就地取材。（Spier 2001：16）

石和水对卒姆托来说不仅仅是材料或现象；它们也是具有智力的理念，具有历史悠久的思想传统。它们可以激起心灵上的故事联想，诸如，在古典建筑中从木结构到石结构的转换，以及存在于土耳其和日本文化中的历史性沐浴仪式。对他来说，类似的相关可能性，更为广义地存在于有关地方传统、历史与特质的故事中。

有关建筑的批判性地域主义因海德格尔之后的肯尼思·弗兰普顿（Kenneth Frampton）而闻名于世，对此利亚纳·勒费夫尔（Liane Lefaivre）和亚历山大·仲尼斯（Alexander Tzonis）已经作过讨论（2003）。弗兰普顿认可海德格尔在《筑·居·思》中有关亲密性丢失的观点。对他而言也是如此，这种丢失导致了当代生活中的疏离感，不合时宜地使人们远离了场所感和归属感。弗兰普顿在《读海德格尔》（On Reading Heidegger）中指出，建筑师应该根据当地特色小规模地负责场所创造，从而在晚期资本主义的去中心化城市主义背景下能够恢复场所意义感。在《批判性地域主义之前景》（Prospects for a Critical Regionalism）（1996）中，他认为当代建筑应该更为积极地响应区域特色以及在其中塑造意义的可能性，尽管如此，同时也需要承认它不能同国际文化和技术同化趋势割裂开来。**可能是害怕背上不能容忍海德格**

尔对本源之求索的指控，弗兰普顿并没有寻求把自然性归属于任何名义上的将大地和人保持一致的乡土观。相反，他探索了乡土主义的设计方法，并在专业建筑师实践中对乡土主义予以定位，考察了诸如宾夕法尼亚的路易斯·康、波尔图的阿尔瓦罗·西扎·维埃拉（Alvaro Siza y Viera）和威尼斯的卡洛·斯卡帕（Carlo Scarpa）等人的作品。尽管如此，因为和法西斯口号——"鲜血与祖国"——具有潜在的接近性，批判性地域主义仍然备受争议。卒姆托在对他的设计作品与设计作品的场地之间存在的"批判性对话"进行讨论时，把自己和弗兰普顿放到同一战线上，勇敢地从本土性中去寻求意义。

推敲体验

在其设计作品中，卒姆托总是非常严肃地去推敲钻研人的体验，这甚至影响到了他和客户之间的商业合作关系：

106

即使客户感到痛苦……我也坚持去了解一些他们很久以前已经忘记或者从未知道的事情：想把事情做好就必须花时间……我是说，我需要这样做，因为若不如此我就不能创造出一种氛围，如果一栋建筑没有该氛围那么对我来说有什么好处呢？我必须这样去做。我痴迷于此，因为我认为窗户是重要的，门、门的合页或许也很重要，诸如此类所有这些"物"都是重要的。因此，我必须小心谨慎地对待这些"物"，否则我将不能创造出氛围，那么我作品的整体目标在一定程度上来讲就会荡然无存。这就是我的工作方式。（Spier 2001：19）

卒姆托并不是第一个对设计如此痴迷的建筑师。斯蒂文·霍尔的设计方法和卒姆托相似。霍尔的作品包括斯特莱托住宅、赫尔辛基的奇亚斯玛当代艺术博物馆和麻省理工学院西蒙斯学生宿舍，他在其论著中写到了有关现象学的影响（Holl，Pallasmaa and Pérèz-Gomez，1994），他似乎对海德格尔、加斯顿·巴舍拉尔（Gaston Bachelard）（1969）和莫里斯·梅洛-庞蒂（Maurice Merleau-Ponty）（1989）都深表感激。据说为了探索对自己作品特质的感知，霍尔每天至少画一幅水彩画，其中一些画作收录于他的书《写在水中》（Written in Water）（2002）。他主要画透视图；他认为这是一种媒介，从中可以使他获得比画平面图、剖面图和立面图更为直接的，有关建筑形式的体验。霍尔指出这种工作方式要求他在光与影中思考形式。对他来说，这一技巧业已成为推敲体验的一种方式。在霍尔看来，绘画是一种直觉上的行为活动，开辟了自然产生的和意想不到的设计可能性。霍尔的画作表明他和卒姆托有所不同；尽管他仍然意图操纵感知，但通过塑造外部形体，他更专注于构筑物的物体特质。他的工作方法鼓励他对边界、地形及表面进行扭曲变形；经营光与影；并预先考虑到由雨、雾、阳光和风引起的变幻。

阿尔多·凡·艾克（Aldo Van Eyck）是另外一位对建筑体验特别精益求精的建筑师。凡·艾克的传记作者把他和海德格尔的思想联系在一起（Strauven 1998）。他设计的战后阿姆斯特丹儿童游乐场和位于同一城市内著名的孤儿院和母亲之家，均包含大量关于场所的可能性，在这里不但可使儿童和大人们去使用各种小型场所，而且他们可以把自身识别为场所的一部分。根据这种方式，这些作品一定程度上表现出海德格尔的风格。建筑师似乎已经敏锐地调和了人们使用其周围环境的可能性。他的儿童游乐场提供了一系列的"物"——107
不同的地板材质、步汀石、攀爬架、不同密度的隔板——等待着孩子们通过玩耍去使用它们。孩子们被邀请在游戏中通过"物"来识别场所，去想象他们周围的新世界。凡·艾克更为大型的作品是把儿童游乐场的思想理念延伸到整个建筑中去。边界被加厚放大，从而形成壁架、座椅和搁架，进而可为人们提供停留休息之处并可以放置东西。台阶变为座椅和观众席，窗台变为座椅和壁架，搁架变为可以躲藏的洞穴和公共游乐场。小开口、窗户和碎裂的小镜面都被用来丰富体验。这些策略容许在相对狭小的空间中产生大量的场所可识别性。它们鼓励而不是去剥夺新用途，并预留一些模糊空间与冗余度以便个体自由发挥多种不同的使用方式。凡·艾克的建筑备受批判，因为他倾向于把人类体验置于比物体特质优先的地位，从而让人觉得他只重视令人愉悦的片段而不是整体性。建筑师们往往认为他的作品做得太过，甚至平淡无味，但是不难想象，卒姆托不会十分认同他们的观点。尽管如此，这两位建筑师共享了对片段的钟爱，且这些片段能够刺激体验并唤起记忆。

卒姆托或许对另外一位著名建筑体验推敲者的作品有少许支持：即汉斯·夏隆。尽管卒姆托的许多建筑都是对直角正交的形式情有独钟，夏隆的作品却是以有机的几何图形蜚声在外。夏隆参加了海德格尔 1951 年在达姆施塔特的座谈。他在此活动中也作了报告，讲述了位于会场附近的一个假想的学校项目。彼得·布伦德尔·琼斯认为夏隆通过海德格尔的座谈而对自己的观点进行了确认（1997，136）。

夏隆的平面布局表明他一心想打破直角正交的四方形空间，他更喜欢围绕所发生的行为活动去设计形式更为自由的空间围合。他在会议上发表的达姆施塔特学校项目是一个典型的例子（图 8），尽管未建成，却赋予他后来的学校建筑以灵感（Blundell-Jones 1997，136-140）。教室部分容

图8　汉斯·夏隆的达姆施塔特模型，展现了内街和教室组的空间关系。

纳三个年龄组，每组都可以从一条内街通过门房而进入教室。这种内街空间在延伸方向上可根据使用的密集度而出现宽窄变化，可以是门厅、走廊或者逗留空间。它既塑造了指定性场所也塑造了自由场所，正如凡·艾克的建筑所表明的一样，通过高差变化，障碍和壁架刻意地促进非正式交流。低、中和高年级分别有代表他们自己的几何图形。对最小的孩子来说，玩耍和社会技能是最重要的，因而为他们设计的教室具有内向性特征，朝南面向明媚的阳光并且可以通往小花园。中年级教室为正式教学而设计，更为方正也更为严肃，重点强调使用凉爽的反射天光，并最大限度地减少干扰。夏隆认为更大一些的孩子在集体中可以开发自身的特色，以一种不太正规的方式组织教室，从而具有向外关注的特征。对教室和教室组的塑造——还有学校礼堂、健身房和图书馆——每一个都是根据在那里所要发生的行为活动和特殊的社会几何①而定，而这些社会几何则随着人们聚集、教学、学习和会面活动的发生而成形（图9）。基于此，整所学校由这些不同部分装配组合而成，并由位于中间的内街调和联系四邻。夏隆的组合创作能力是显而易见的，因为无论是内街还是其他不同部分，均没有因为其看上去十分糟糕的整体性而出现问题。

与卒姆托的许多作品相似，夏隆的达姆施塔特学校尤其体现了海德格尔主义，即对氛围和心情、场地和光之变化特质给予了关注。这也标志着夏隆的关注点始于人们聚集的社会与政治几何图形，始于诸如凡·艾克等人专注于能够促进非正式聚集的建筑策略。

尽管对体验的推敲在霍尔、凡·艾克和夏隆看来和在卒姆托看来同等重要，但是他们的表达方式却是不同的。这些建筑师，和那些有着共同兴趣的作家们一样——诺伯格·舒尔茨、威尔逊、哈里斯、韦塞利和弗兰普顿——从广义上讲都表现出了对海德格尔栖居和场所理念的支持。然而，许多建筑评论却是更具有评判性的。

---

① "社会几何"是由社会学家唐纳德·布莱克（Donald Black）提出的社会学理论模型。它使用一种多维度模型来解释各种不同的社会行为与活动。——译者注

图 9 汉斯·夏隆的马尔学校，受益于达姆施塔特学校项目，展现了"休息大厅"内街与教室之间的联系。

在关于瓦尔斯的访谈中，卒姆托把他在设计中的作用予以了轻描淡写。我们已经知道他近乎虔诚地渴望并力图使建筑理念成为它想成为的样子。他指引设计趋向于和场地及其所在地形成一种融洽的关系，这一宗旨表达着相似的谦逊态度。这位建筑师热切地强调，他本能地与场地所处的环境一起工作：

> 很难说这种直觉从何而来。我没有读过很多书，也没读过很多建筑书，因此很难知道这从何而来……也不是我曾经学过的某些知识。它以某种方式存在，但是真的不要问我是如何做到的。（Spier 2001：p23）

卒姆托与海德格尔分享了这一看法。哲学家津津乐道地讲述哲学是如何找到他的，在他的山间小屋中就像一名感性的抄写员一样，行云流水般地书写。他也把自己塑造成为反学术的形象，主张直觉性而不是学术上的对话，尽管他的思想论点具有显著的深度和广度。我们已经提到了针对这一研究的被动性的批判：比如阿多诺提出，海德格尔那易于被接受的语汇验证并复原了战后德国的浪漫主义自满性；利奥塔尔和利奇的批判着力于他的"常识性"乡土主义祈求。给予卒姆托的建筑以启发的海德格尔派所有的观点，对评论家来说都太过被动。它妨碍了政治激进主义。

政治已经成为海德格尔观点在建筑上诠释的决定性因素。直到1990年代，这位哲学家的思想在建筑界受到了越来越多的抨击。这比起在其他学科领域所发生的多少要晚一些。先前曾在极大程度上引发共鸣，那是因为其追捧者力推他的"现代建筑的另一种传统"和地域主义，以及代表性的思想观点。

然而，海德格尔那备受争议的本真性观点和他浪漫乡土主义情结的潜在后果，在有关他"筑造"与"栖居"模型之价值的建筑辩论会上变得更为突出。这些辩论集中在各自的重要性上，一方面是对现象学建筑的重要性，另一方面是对批判性理论的重要性。

在建筑师中间有一个共同的设想，即这些立场都或多或少彼此对立。具有讽刺意义的是，现象学（至少是海德格尔派的）拥护人类直接体验的价值胜于科学度量和专业技能，并倾向于用神话解释永恒和情境性。同时，批判性的理论优先考虑所有人类行为活动中隐性或显性的政治因素，并且反对有关本真性的所有观点。

批判性理论的保护伞涵盖了不同的思想家及群体的研究，而他们的研究涉及一些共同的思路，比如，性别理论家、后结构主义者、后殖民主义者、后现代主义者和解构主义者（后者在建筑领域之外有着不同的理解）。批判性理论植根于马克思主义、阿多诺的论著和法兰克福学派，以及法国后结构主义，因此若想简单地总结它是绝无可能的。通过雅克·德里达（Jacques Derrida）对海德格尔的语言研究所表现出的兴趣，批判性理论也得以同海德格尔产生了联系（1989）。

海德格尔的思想论点，包括有关建筑的，从批判性理论角度容易受到质疑。哲学家在存在的本真性调谐中认知到了筑造与栖居的"本质"，并不愿就本质主义和本真性具有的排他性倾向而道歉。他的论著显示了对他所认为的政治上人为干扰的厌恶。在他假想的黑森林小农场中，农民的生计更多是与由季节变化度量出的、世世代代的时间流逝有关，而不是为了纠正阶级分化所带来的不平等性而付出的努力。传统的异性恋家庭角色，通过农舍中家用餐桌上男性所占的主导地位而得到强化。哲学家认为人们应该服从于自然的力量，在认知一体化过程中与神秘维度保持调谐，而对政治上的介入则采取无视态度。此外，正如在利奥塔尔和阿多诺所做的相关批判中所指出的一样，从批判性理论的角度来看，海德格尔参与纳粹成了一个高于一切的道德议题。哲学家的思想论点和纳粹意识形态之间的联系成为决定性的因素；对海德格尔的支持者们来说，这一事实使他们在为海德格尔辩护时深感无力。

尽管在建筑现象学和建筑批判性理论之间存在明显冲突的时刻——就像我们借助利奥塔尔和利奇所了解到的那样——借由隐性的对仗，辩论至少同样地发生着。如上文中所提及的，为响应对乡土主义和世界大同主义倾向性的反对，该辩论有时已经成为保守意识形态和自由意识形态之间两极化的分水岭。那些对现象学感兴趣的建筑师加入了保守派阵营，而那些对批判性理论感兴趣的建筑师加入了自由派阵营。即使很大程度上来说属于不言而喻，这已经成为一个广为流传的共识，尽管这不可避免地是一种讽刺。即两大阵营各自的兴趣点并不总是互相排斥，但也并不总是无法耦合。

在写作时期进行的辩论现如今已经对建筑现象学的价值和问题失去了兴趣。对西方建筑学术出版商的目录和建筑理论学科的网上参考书目所进行的任何检索，尤其是在美国，都表明批判性理论在该领域内占有主导地位。因其与法西斯主义的联系，**海德格尔有关建筑的研究以及颇受争议的推崇他为英雄的建筑现象学研究，可以说已经成为一场零和博弈。无论这些理论和研究贡献了什么，那种"联系"依然可以将其抹杀。**因此，许多建筑师和评论家已经选择与海德格尔背道而驰。但是依然有人不为所动，这其中就包括卒姆托。

在 20 世纪后半叶，许许多多设计师、历史学家和理论家的想象力均受到了海德格尔建筑理论模型的感染。我发现对这种感染进行类比十分有用。一种温和的感染力会使人感到不愉快，但是，对于此，它既可以产生积极的影响也可以产生消极的影响：它能够破坏一些人的习惯并迫使他们有所区别地去考虑人和环境，从而重新对它们作出反应。然而，较重大的感染力会使人感到虚弱。这种温和的、海德格尔式的感染力具有一定的好处，例如，它总是能够看到把窗台和门槛当作小型场所的机会，就像阿尔多·凡·艾克那样，或者在设计中总能够发现有关社会性几何图形的潜在可能性，就像汉斯·夏隆那样。然而，更为普遍的条件能够为关注提供重要的依据。许多人，无论是海德格尔的支持者们还是批评家们，对那些使用海德格尔的专业术语但不愿去对其背景进行领会理解的人持怀疑态度；正如伽达默尔所认为的那样，隐喻地讲，那些人并不比"把玩几个镌刻着海德格尔名言术语的小象牙装饰盘"所做的多多少（1994，27）。术语如果穿插着大量悲情只会让人觉得不愉快并显得做作。更为重要的是，对于那种不加批判的、全盘吸收的海德格尔主义所蕴含的致命危险，本书已经进行了介绍。宣扬本真性观点——或者世界上任何一种不能容忍其他形式存在的理论模型——都应该被予以抵制；正如对场所土壤（暗喻"祖国"）的追求，距离狭隘窒息的政治运动仅有一步之遥，而且最终还会发展成种族主义。在有些地方，海德格尔的浪漫乡土主义被不加批判地吸收，这会纵容右翼意识形态的蓬勃发展。追随海德格尔的乡土感染力必然受到质疑。

虽然这种对感染力的类比听起来不错，然而，它仍然是有局限性的：可以说感染力是被动地接受；是一种强迫性承担的尝试。在书的结尾处，我想竭力主张的关键点是：如果你想和海德格尔的建筑理论模型产生联系，那么你应该以批判性的、积极主动的态度去做。哲学家的思想论点并不是简单地被放置于此，可以不经过慎重质疑就去接受。如果对海德格尔的思想论点没有一些了解，那么就很难去领会理解 20 世纪后期许许多多的专业建筑设计及建筑批判。彼得·卒姆托一直以来都拥护海德格尔的理论。但是如果你也选择这样做——不管以何种程度，那么你必须把政治上的良知与建筑上的判断放在同等重要的位置上去重视。

延伸阅读

海德格尔德语版的著作已经出版，是大约 100 卷的完整版——称为他的全集（*Gesamatausgabe*）——这里面也包括了他在生命后期所做的些许变化和修改（Sheehan 1980）①。众多文章的英文译文也可以检索到，但并不总是镜像德文卷宗的内容，也并不总是遵循着全集的计划。德语标题和译本的完整清单可以在网址 www.webcom.com/paf/hb/gesamt.html 上查到，而有关海德格尔理论的的二级延伸性文献清单由弗赖堡阿尔伯特 - 路德维希大学整理保存，这其中包括许多不同的欧洲语言版本（虽然仅仅整理收藏到了 1992 年之后的文献），可以在网址 www.ub.uni-freiburg.de/referate/02/heidegger/heideggerkatalog.html 上查到（英文原文作者于 2007 年 1 月 3 日登陆）。

如果你想进一步挖掘海德格尔的哲学，有许多一般性的介绍类读物可供使用。理查德·波尔特的《海德格尔：导论》（An Introduction）尤其易于理解，乔治·斯泰纳的《海德格尔》（Heidegger）十分发人深省，而米格尔·贝斯特吉（Miguel De Beistgui）的《新海德格尔》（The New Heidegger）简要总结了在特定学科中对海德格尔理论的接受程度。战后海德格尔的学生卡尔·洛维特（Karl Löwith）写过一篇文章——由于卡尔·洛维特是一名犹太人，他在纳

---

① 此处为英文原文翻译，指的是德文版的著作在西方国家已经出版。——译者注

粹时代与这位哲学家刻意保持着距离——该文章结构复杂且极具启发性，并精于细微差别；其英文版被译为《海德格尔：贫困年代的思想家》（Heidegger: A Thinker in Destitute Times ），收录在理查德·沃林（Richard Wolin）的《马丁·海德格尔和欧洲虚无主义》（Martin Heidegger and European Nihilism）中。

或许最好的有关海德格尔的传记是雨果·奥特（Hugo Ott）的《马丁·海德格尔：政治的一生》（Martin Heidegger: A Political Life）。奥特以一位历史学家的口吻进行写作。他力图反映海德格尔行为活动的复杂性而不是他的哲学思想。

通过自最远古时代到 20 世纪末的哲学史回顾，爱德华·凯西（Edward Casey）的《场所的命运》（The Fate of Place）罗列记述了有关场所理念的历史。该书使海德格尔的思想论点处于极端丰富的背景之下，并对许多著名哲学家关于建筑学的研究提供了一个精彩纵览。

建筑现象学研究受益于海德格尔，也受益于莫里斯·梅洛-庞蒂和加斯顿·巴舍拉尔。没有被纳粹主义所污染，他们的《知觉现象学》（Phenomenology of Perception）和《空间的诗学》（Poetics of Spaces）如今分别成为作家在此领域内所青睐的资源。这两本书都很具有挑战性，但绝对值得阅读。

希尔德·海嫩（Hilde Heynen）于 1993 年在 Archis[①]杂志上发表的题为《名副其实的问题：海德格尔在建筑理论中所扮演的角色》（Worthy of Question: Heidegger's Role in Architectural Theory）的文章，该文章对海德格尔建筑思想论点所面临的一些质疑作出了缜密周到的概述。在当时更为

---

① Archis 杂志，其名称为 "Architects and Architecture" 的缩写。——译者注

广义的理论研究的语境下，她全面回顾了海德格尔研究的被接受度，这一工作十分有益。她所识别出的主题至今仍然具有相关性。

两本小说式的著作已经被看作对海德格尔传记的隐晦评论，这些都与海德格尔的哲学相关，而且均是很好的读物。君特·格拉斯（Günter Grass）的《狗年月》（Dog Years）中的情节滑稽地模仿了海德格尔及其支持者们的特征。托马斯·曼（Thomas Mann）的《浮士德博士》（Doctor Faustus）中的主角与海德格尔颇为相像。该书讲述了一位智者把他的灵魂出卖给魔鬼的故事。

Adorno, T. (1986) *The Jargon of Authenticity*, trans. by K. Tarnowski and F. Will, Routledge, London.

Alexander, C. (1977a) *The Timeless Way of Building*, OUP, Oxford.

— *et al.* (1977b) *A Pattern Language: Towns, Buildings, Construction* OUP, Oxford.

Aristotle (1983) *Physics: Books III & IV*, trans. by E. Hussey, Clarendon Press, Oxford.

Arnold, D. (2002) *Reading Architectural History*, Routledge, London.

Bachelard, G. (1969) *The Poetics of Space*, trans. by Jolas, M., Beacon Press, Boston, MA.

Blackbourn, D. and G. Eley (1984) *The Peculiarities of German History*, OUP, Oxford.

Bloomer, K.C. and C. Moore (1977) *Body, Memory and Architecture*, Yale University Press, New Haven, CT.

Blundell-Jones, P. (1995) *Hans Scharoun*, Phaidon, London.

Borgmann, A. (1992) 'Cosmopolitanism and Provincialism: On Heidegger's Errors and Insights', *Philosophy Today*, no.36, 131-45.

Casey, E. (1997) *The Fate of Place: A philosophical History*, University of California Press, London.

Conrads, U. et al. (1962) *Modern Architecture in Germany*,

Architectural Press, London.

Davies, O. (1994) 'Introduction', in *Meister Eckhart: Selected Writings*, Penguin, London.

De Beistegui, M. (2005) *The New Heidegger*, London, Continuum.

Derrida, J. (1989) *Of Spirit: Heidegger and the Question*, tans. by G. Bennington and R. Bowlby, University of Chicago Press, London.

Frampton, K. (1996) 'On Reading Heidegger', in *Theorising a New Agenda for Architecture: An Anthology of Architectural Theory 1965-1995*, edited by C. Nesbitt, Princeton Architectural Press, New York, pp.440-6.

— (1996) 'Prospects for a Critical Regionalism', in *Theorising a New Agenda for Architecture: An Anthology of Architectural Theory 1965-1995*, edited by C. Nesbitt, Princeton Architectural Press, New York, pp.468-82.

Frede, D. (1993) 'Heidegger and the Hermeneutic Turn', in *The Cambridge Companion to Heidegger*, edited by C. Guignon, CUP, Cambridge, pp.42-69.

Gadamer, H.-G. (1994) *Heidegger's Ways*, trans. by J.W. Stanley, SUNY Press, Albany, NY.

Gooding, M., J. Putnam and T. Smith (1997) *Site Unseen: An Artist's Book*, EMH Arts/Eagle Graphics, London.

Grass, G. (1997) *Dog Years*, trans. by Mannheim, R., Minerva, London.

Harries, K. (1996) 'The Lessons of a Dream', in *Chora, Volume 2*, edited by A. Pérèz-Gomez and S. Parcell, McGill-Queen's University Press, Montreal.

— (1997) *The Ethical Function of Architecture*, MIT Press,

Cambridge, MA.

Heidegger, M. (1962) *Being and Time*, trans. by J. Macquarrie and R. Robinson, Harper and Row, New York.

— (1971a) 'Building Dwelling Thinking', in *Poetry, Language, Thought*, trans. by A. Hofstadter, Harper & Row, London, pp. 143-61.

— (1971b) '...poetically, Man dwells...', in *Poetry, Language, Thought*, trans. by A. Hofstadter, Harper & Row, London, pp. 211-29.

— (1971c) 'The Origin of the Work of Art', in *Poetry, Language, Thought*, trans. by A. Hofstadter, Harper & Row, London, pp. 17-78.

— (1971d) 'The Thing', in *Poetry, Language, Thought*, trans. by A. Hofstadter, Harper & Row, London, pp. 163-86.

— (1973) 'Art and Space', trans. by C. H. Siebert, *Man and World*, no. 6, 3-8.

— (1976) *The Piety of Thinking*, trans. by J. G. Hart and J. C. Maraldo, Indiana University Press, Bloomington.

— (1981a) 'Why Do I Stay in the Provinces?', in *Heidegger: The Man and the Thinker*, edited and trans. by T. Sheehan, Precedent, Chicago, IL, pp.27-8.

— (1981b) 'The Pathway', in *Heidegger: The Man and the Thinker*, edited and trans. by T. F. O'Meara and T. Sheehan, Precedent, Chicago, IL, pp. 69-71.

— (1985) 'The Rectorate 1933/34: Facts and Thoughts', trans. by K. Harries, in *Review of Metaphysics*, no. 38, 481-502.

— (1992) 'The Self-Assertion of the German University' in *The Heidegger Controversy: A Critical Reader*, edited by R.

Wolin, MIT Press, Cambridge, MA, pp.29-39.

— (1993a) 'What is Metaphysics?' in *Basic Writings*, edited and trans. by D. Farrell-Krell, Routledge, London, pp. 94-114.

— (1993b) 'The End of Philosophy and the Task of Thinking' in *Basic Writings*, edited and trans. by D. Farrell-Krell, Routledge, London, pp. 431-49.

— (1997) *Vorträge and Aufsätze*, Neske, Pfullingen.

— (1998) *Pathmarks*, edited by W. Mc. Neill, CUP, Cambridge.

Heynen, H. (1993) 'Worthy of Question: Heidegger's Role in Architectural Theory', *Archis*, no. 12, 42-9.

Hofstadter, A. (1971) 'Introduction', in Heidegger, M., *Poetry, Language, Thought*, Harper & Row, London, pp. ix-xxii.

Holl, S. (2002) *Written in Water*, Lars Müller, Baden.

—, J. Palasmaa and A. Pérèz-Gomez (1994) 'Questions of Perception: Phenomenology of Architecture', *A&U Special Issue*, 7.

Hoy, D. C. (1993) 'Heidegger and the Hermeneutic Turn', in *The Cambridge Companion to Heidegger*, edited by C. Guignon, CUP, Cambridge, pp. 170-94.

Jacobs, J. (1961) *The Death and Life of Great American Cities*, Random House, New York.

Kisiel, T. (1993) *The Genesis of Heidegger's Being and Time*, University of California Press, Berkeley, CA.

Lang, R. (1989) 'The Dwelling Door: Towards a Phenomenology of Transition', in *Dwelling, Place and Environment*, edited by D. Seamon and R. Mugerauer, Columbia University Press, New York, pp. 201-13.

Le Corbusier (1954) *The Modulor: A Harmonious Measure to the Human Scale Universally Applicable to Architecture and*

Mechanics, trans. by P. de Francia and A. Bostock, Faber & Faber, London.

Leach, N. (1998) 'The Dark Side of the Domus', *Journal of Architecture*, vol. 3, no. 1, pp. 31-42.

— (2000) 'Forget Heidegger', *Scroope*, no. 12, pp. 28-32.

Lefaivre, L. and A. Tzonis (2003) *Critical Regionalism: Architecture and Identity in a Globalized World*, Prestel, Munich.

Lyotard, J-F., (1990) *Heidegger and the Jews* [sic], trans. by A. Michael and M. Roberts, University of Minnesota Press, Minneapolis, MN.

— (1991) *Phenomenology*, trans. by B. Beakley, SUNY, Albany, NY.

Löwith, K. (1994) *My life in Germany Before and After 1933: A Report*, trans. by E. King, Athlone, London.

— (1995) 'Heidegger: A Thinker in Destitute Times', in *Martin Heidegger and European Nihilism*, trans. by G. Steiner, edited by R. Wolin, University of Columbia Press, New York, pp. 29-134.

Mann, T. (1949) *Doctor Faustus*, trans. by H. T. Lowe-Port, Secker & Warburg, London.

May, R. (1996) *Heidegger's Hidden Sources: East Asian Influences on His Work*, edited and trans. by G. Parkes, Routledge, London.

Menin, S. and S. Kite (2005) *An Architecture of Invitation: Colin St John Wilson*, Ashgate, London.

Merlau-Ponty, M. (1989) *The Phenomenology of Perception*, trans. by C. Smith, Routledge, London.

Norberg-Schulz, C. (1971) *Existence, Space and Architecture*,

Studio Vista, London.

— (1980) *Genius Loci: Towards a Phenomenology of Architecture*, Academy, London.

— (1988) *Architecture, Meaning and Place: Selected Essays*, Rizzoli, New York.

Ott, H. (1993) *Martin Heidegger: A Political Life*, trans. by A. Blunden, Fontana, London.

Pallasmaa, J. (1996) *Eyes of the Skin: Architecture and the Senses*, Academy, London.

Perec, G. (1997) *Species of Spaces and Other Pieces*, Penguin, London.

Petzet, H. W. (1993) *Encounters and Dialogues with Martin Heidegger*, trans. by P. Emad and K. Maly, University of Chicago Press, Chicago, IL.

Pevsner N. (1963) *An Outline of European Architecture*, Penguin, Harmondsworth.

Polt, R. (1999) *Heidegger: An Introduction*, UCL Press, London.

Rudofsky, B. (1964) *Architecture Without Architects: An Introduction to Non-pedigreed Architecture*, Doubleday, New York.

Safranski, R. (1998) *Martin Heidegger: Between Good and Evil*, trans. by E. Osers, Harvard University Press, Cambridge, MA.

Seamon D. and R. Mugurauer (eds) (1989) *Dwelling, Place and Environment*, Columbia University Press, New York.

Seamon D. (ed.) (1993) *Dwelling, Seeing and Designing: Toward a Phenomenological Ecology*, SUNY, Albany, NY.

Sharr, A. (2006) *Heidegger's Hut*, MIT Press, Cambridge, MA.

Sheehan, T. (1980) 'Caveat Lector: The New Heidegger', *New*

York Review of Books, 4 December 1980, pp. 39-41.

Spier, S. (2001) 'Place, Authorship and the Concrete: Three Conversations with Peter Zumthor', *arq*, vol. 5, no. 1, pp. 15-37.

Steiner, G. (1989) *Real Presences*, Faber & Faber, London.

— (1992) *Heidegger*, Fontana, London.

Strauven, F. (1998) *Aldo Van Eyck: The Shape of Relativity*, Architectura and Natura, Amsterdam.

Taylor, C. (1975) *Hegel*, CUP, Cambridge.

Tse, Lao (1989) *Tao Te Ching*, trans. by R. Wilhelm and H. G. Ostwald, Penguin Arkana, London.

Unwin, S. (1997) *Analysing Architecture*, Routledge, London.

Vesely, D. (1985) *Architecture and the Conflict of Representation, AA Files*, n8, pp. 21-38.

— (2004) *Architecture in the Age of Divided Representation: The Question of Creativity in the Shadow of Production*, MIT Press, Cambridge, MA.

Wilson, C. St John (1995) *The Other Tradition of Modern Architecture: The Uncompleted Project*, Academy, London.

Wolin R. (2001) *Heidegger's Children: Hannah Arendt, Karl Löwith, Hans Jonas and Herbert Marcuse*, Princeton University Press, Princeton, NJ.

Zumthor, P. (1998a) *Peter Zumthor Works: Buildings and Projects 1979-1997*, Lars Müller, Baden.

— (1998b) *Thinking Architecture*, Lars Müller, Baden.

— (2006) *Atmospheres*, Birkhäuser, Basel.

[n.a] (1991) , *Mensch und Raum: Das Darmstädter Gespräch 1951*, Vieweg, Braunschweig.

索引

1. 本索引列出页码均为原英文版页码。为方便读者检索，已将英文版页码作为边码附在中文版左右两侧相应句段。

2. 粗体数字表明是插图。

建筑师解读 海德格尔

马丁·海德格尔的研究对建筑师和建筑理论家来说是非常有魅力的，它赋予建筑师设计以思想，包括彼得·卒姆托、斯蒂文·霍尔、汉斯·夏隆、科林·圣约翰·威尔逊。

海德格尔对建筑文化的影响是巨大的。他对技术持有的批判主义态度，他在情感以及切身体验中发现的权威，以及他对"栖居"和"场所"所提出的概念，塑造了实践与批判主义。然而，他或许仍然是令人困扰的上个世纪最具有争议的思想家。卷入德国纳粹政权使得他的思想备受质疑。尽管如此，他的思想光辉在建筑方面处处存在着。

该书所作出的简明介绍，对建筑师、建筑学设计专业教室的学生和攻读建筑历史与理论课程的学生来说，是思想典范，值得一读。

亚当·沙尔是卡迪夫大学威尔士建筑学院的资深讲师，也是亚当·沙尔建筑师事务所的首要负责人。他著有《海德格尔的小屋》（Heidegger's Hut）（MIT Press，2006）和《海德格尔建筑论》（Heidegger for Architect）（Routledge，2007），是《原始性：建筑的本源论》（Primitive: Original Matters in architecture）（Routledge，2006）的联合编辑，也是 arq 的编辑，即《建筑研究季刊》（Architectural Research Quarterly）（Cambridge University Press）。

给建筑师的思想家读本

Thinkers for Architects

　　为寻找设计灵感或寻找引导实践的批判性框架，建筑师经常跨学科反思哲学思潮及理论。本套原创丛书将为进行建筑主题写作并以此提升设计洞察力的重要学者提供快速且清晰的引导。

建筑师解读德勒兹与瓜塔里

[英] 安德鲁·巴兰坦 著

建筑师解读海德格尔

[英] 亚当·沙尔 著

建筑师解读伊里加雷

[英] 佩格·罗斯 著

建筑师解读巴巴

[英] 费利佩·埃尔南德斯 著

建筑师解读梅洛 – 庞蒂

[英] 乔纳森·黑尔 著

建筑师解读布迪厄

[英] 海伦娜·韦伯斯特 著

建筑师解读本雅明

[美] 布赖恩·埃利奥特 著